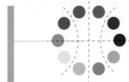

图解零基础

朱涵梅 编著

服装配色

实用手册

Illustrated Basics:
Practical Clothing
Color Matching Handbook

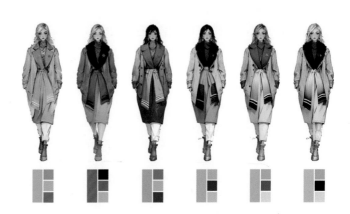

化学工业出版社

·北京·

内容简介

本书以"便携、速查"为出发点，详尽解析色彩理论，全面呈现不同场合的服装配色技巧。书中涵盖了基础色系、色彩情感、服装风格、服装类型等多方面的知识，并辅以大量生动案例和图片，旨在提升视觉体验并加深理解。无论是资深设计师，还是初学者，都能通过本书快速掌握服装配色的关键要点和实用技能，以及各类服装风格与色系的搭配技巧。

全书图文并茂、通俗易懂，实操性强；不仅适合广大服装设计师和服装爱好者阅读和使用，也可作为在校师生的教学参考书和服装企业的培训用书。

图书在版编目（CIP）数据

图解零基础：服装配色实用手册 / 朱涵梅编著．
北京：化学工业出版社，2024. 12. -- ISBN 978-7-122-34797-8

Ⅰ．TS941. 11-64

中国国家版本馆CIP数据核字第2024HH1664号

责任编辑：朱　彤　　　　　　　文字编辑：沙　静　张瑞霞
责任校对：王　静　　　　　　　装帧设计：张　辉

出版发行：化学工业出版社
　　　　　（北京市东城区青年湖南街13号　邮政编码100011）
印　　装：北京缤索印刷有限公司
787mm×1092mm　1/16　印张9½　字数210千字
2025年1月北京第1版第1次印刷

购书咨询：010-64518888　　　　　　售后服务：010-64518899
网　　址：http://www.cip.com.cn
凡购买本书，如有缺损质量问题，本社销售中心负责调换。

定　　价：69.80元　　　　　　　　版权所有　违者必究

自古以来，服装便承载着保暖、保护和展现个性等多重功能。在现代社会，服装色彩搭配已超越了简单的个人印象范畴，它更直观地映射出穿着者的文化修养与审美水平。因此，深刻理解和熟练掌握服装配色原理与技巧，对于提升个人形象和文化素养至关重要。

服装配色，作为服装设计理念中的核心要素，是每位服装设计师必备的基本技能。时尚界不仅密切关注流行色的选择，还高度重视其在服装设计中的应用。每年，国际权威的色彩研究机构都会发布新的流行色与代表色，以此引领设计潮流。然而，仅仅依赖流行色是远远不够的，设计师们还需结合自身丰富的经验和独特视角，提出更具个性和创新性的配色方案。

本书旨在引导读者从被动跟随流行色转向主动创新，通过系统学习，培养自身独特的配色能力，为服装设计注入新的创意与活力。本书详细讲解了服装配色的各个环节，内容全面而深入，既提供了宏观的概括，又深入到了具体的细节，主要特色如下：第一章从配色基础出发，帮助读者快速掌握核心要点；第二章探讨基础色系与色彩情感，引导读者正确理解并应用；第三章针对不同风格，分析色彩适用范围，指导科学配色；第四章聚焦服装类型与场合，传授搭配技巧；第五章拓展服装配色印象定位，提供实用性建议；最后一章则结合图片与文字，介绍服装配色的综合应用，并全面总结配色要点。通过本书，读者将能够自如运用色彩，为服装设计带来无限创意与可能。

此外，我们还鼓励读者关注时尚动态，掌握服装色彩与配色的最新趋势，并建议读者通过本书学习服装配色时，分为以下三个阶段：初级阶段，识别色彩、理解光色关系，掌握基本方法；中级阶段，了解材质对色彩的影响，明确搭配逻辑，掌握形式美原则；高级阶段，深入探究款式与色彩的关系，独立设计并创造配色，完成整体服装设计方案。

本书由朱涵梅编著。全书服装手绘插图由黄小溪、邓诗琪、蒋雨晴、王宇、汤彦萱绘制。参与本书工作的其他人员还有黄溜、童蒙、万阳、张慧娟、牟思杭、王璠、朱紫琪、吕静、汤留泉、赵银洁、史晓臻。

由于时间和水平有限，不足之处在所难免，恳请广大读者不吝赐教，提出宝贵的批评与建议。

编著者
2024年8月

目录

第三章　服装风格与配色

第四章　服装类型与场合色彩的应用

第五章　服装配色印象定位

第六章　服装配色综合应用

第一章

服装配色基础知识

学习难度： ★ ☆ ☆ ☆ ☆

重点概念： 色彩属性、色光、三原色、色彩对比、色彩意象

章节导读： 服装的色彩搭配与整体造型设计紧密相连，是塑造服装风格的核心要素之一。虽然人们可以根据个人的色彩感觉进行搭配，但这一过程往往依赖于长期的经验和敏锐的直觉。通过系统地学习色彩学理论，设计师能够有意识地运用色彩的力量，使得服装的色彩与造型紧密结合，不仅能提升服装的整体美感，还能增强穿着者的自信心和魅力。

第一节 | 色彩基础知识

一、色彩基本原理

在物理学领域，光具有波粒二象性，是电磁波谱中的一个特定频段。光具有多种基本特性，其中波长和振幅是两个至关重要的方面。波长的不同决定了光的不同颜色，而振幅则影响到光的亮度，振幅越大，光越亮。

人们对色彩的感知是基于光的投射、眼睛的接收以及物体对光的吸收和反射。当光线照射到物体上时，物体会对光线进行不同程度的吸收和反射，反射出来的光波通过眼睛传递到大脑，从而最终形成人们对物体色彩的认知。因此，色彩是人的视觉系统对物体和光线交互作用的一种主观体验，见图1-1。

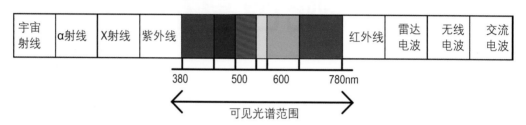

图1-1　可见光谱范围
上：不是所有的光都有"色彩"，只有波长在380～780nm之间的电磁波才能被人感知到色彩，我们称之为可见光；其余波长的电磁波都是人眼睛看不到的光，统称为不可见光。

二、色彩的分类

人类的视觉系统能够感知到丰富多样的色彩，根据不同的标准和维度，这些色彩可以被细分为多个类别。根据色彩的组成，它们可以被划分为原色（基本色）、间色（中间色）和复色（混合色）三大类别。

1. 原色
颜色学中的"原色"，指的是在色彩混合或调配过程中，无法直接通过其他颜色组合而得到的基本色彩。在色光领域，红色、绿色和蓝色被定义为光的三原色；而在颜料混合中，则以红色、黄色和蓝色作为颜料的三原色。虽然这两种三原色在色彩调和上具有相似性，但二者在实际应用中却存在差异。

在色光三原色中，当这三种颜色的光以等比例混合时，它们可以合成白光。而在颜料三原色中，当这三种颜色以适当的比例混合时，可以得到黑色。

然而，在实际应用中，色光三原色和颜料三原色在颜色调和上的表现并不完全一致，这主要源于色光混合与颜料混合所遵循的物理机制不同。色光三原色在混合时，光的波长相互叠加，从而产生新的颜色。而颜料三原色在混合时，颜料粒子相互覆盖，实现颜色的减法混合。因此，在颜料混合过程中，为了得到更丰富的颜色，通常会使用白色颜料作为

"中性"色进行调配，以增加混合颜色的明亮度，使色彩更加鲜明，见图1-2。

2. 间色

间色又称为中间色，指的是由两种原色混合得到的颜色。通过对三原色中任意两种颜色混合，可以得到橙、绿、紫三种间色，见图1-3。

3. 复色

复色又称为复合色，是由原色与间色或间色与间色混合而成的颜色，属于三次色，涵盖了除原色和间色之外的所有颜色，见图1-4。

此外，根据色彩的特性，它们又可以被划分为有彩色和无彩色两大色系。

1. 有彩色系

有彩色涵盖了可见光中的所有色彩，包括红、橙、黄、绿、蓝、紫等基本色，以及基本色之间按不同比例混合，或者基本色与无彩色按不同比例混合而产生的颜色，这些混合方式创造出丰富的视觉效果，见图1-5。

2. 无彩色系

无彩色系指由黑色、白色以及它们之间不同深浅的灰色所构成的色系。黑色与白色是单纯的色彩，将二者混合时，可以产生深浅不同的多种色调。按照色彩明度从高到低的顺序，从纯白色开始，逐渐过渡到浅灰色、中灰色、深灰色，最终过渡到黑色，这些颜色共同构成了无彩色系，见图1-6。

（a）色光色　　　　　（b）颜料色

图1-2　三原色

左：色光三原色是指红、绿、蓝三种颜色，主要用于电子系统中检测和显示图像，如电视、电脑以及数字、摄影等。

右：颜料三原色是指红、黄、蓝三种颜色，这三种颜色彼此混合可以呈现各种色彩，主要用于绘画、印刷等领域。

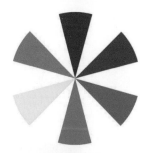 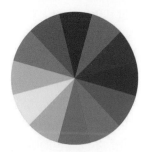

图1-3　间色　　　　　**图1-4　复色**

左：红色与黄色之间混合是橙色，即红+黄=橙；黄色与蓝色之间混合是绿色，即黄+蓝=绿；红色与蓝色之间混合是紫色，即红+蓝=紫。

右：在色彩调配中，复色的调配形式很多，是设计行业中各种颜色的呈现方式。

图1-5　有彩色系　　　　　**图1-6　无彩色系**

左：有彩色系中的任何一种颜色，都具有色相、明度、纯度三种色彩属性。

右：无彩色系的颜色只有明度上的变化，而不具备色相与纯度属性，它们的明度变化可以用黑白度来表示。越接近白色，明度越高；越接近黑色，明度越低。

三、色彩的属性

色彩属性，即色相、明度和纯度。在进行服装配色时，设计师可以灵活运用这些色彩属性，通过它们之间的互相作用和变化，创造出丰富多样的色彩搭配效果。

1. 色相

色相是色彩的首要属性，它是区分各种不同色彩的关键所在，为色彩体系建构了坚实的基础。原色、间色及复色是构成色相的基本元素，即使是单一的色彩，也可以通过其色相的变化来区分其细微的差别，见图1-7。

2. 明度

明度是指颜色的明暗程度，光线的强度影响颜色的呈现效果。颜色的明度可以在多种情境中发生变化，不同颜色的明度不尽相同，即使是同一颜色，其明度也会有所差异。明度较高的颜色显得更加明亮，而明度较低的颜色则显得更加暗淡，见图1-8。

3. 纯度

纯度又称为饱和度，它用于衡量色彩的鲜艳程度。纯度最高的色彩即为纯色，随着纯度的逐渐降低，色彩由鲜艳逐渐变为暗淡。当纯度下降至最低点时，色彩将失去其原有的色相和纯度属性，最终转变为无彩色系，即黑、白、灰三种颜色，见图1-9、图1-10。

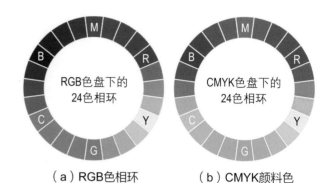

（a）RGB色相环　　（b）CMYK颜料色

图1-7　色相环

左：RGB色相环是光色色相环，每种颜色由R（红色）、G（绿色）、B（蓝色）组成，主要用于显示器等电子设备显示色彩的效果；24种颜色之间的关系比较紧密，色彩过渡平滑，适合表现细腻的色彩变化。

右：CMYK色相环是颜料色色相环，每种颜色由C（青色）、M（品红色）、Y（黄色）与K（黑色，图中无显示）组成，主要应用于印刷领域，表现印刷品的色彩效果；24种颜色之间的界限比较清晰，色彩对比较强，适合表现鲜明的色彩效果。

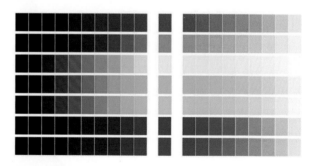

图1-8　色彩明度

上：不同的色彩之间存在着明暗变化。其中，白色明度最高，黄色比橙色亮，橙色比红色亮，青色比蓝色亮，红色比黑色亮，黑色最暗。

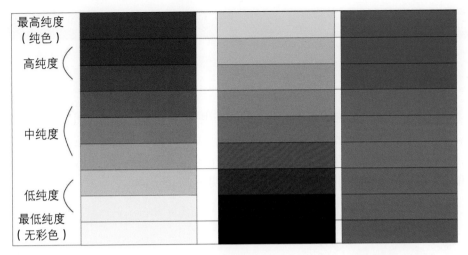

图1-9　纯度

上：当一种色彩加入黑、白或其他颜色时，纯度就会降低，加入其他色越多，纯度越低。

图1-10　纯度推移（或纯度渐变）

左：色彩的纯度变化能够形成多种层次的色彩，这是服装设计中常用的技巧之一。通过这种方法，设计师可以创造出不同的色彩效果，从而赋予服装以独特的韵律和美感。

色彩小贴士　色彩的基本因素

光源色、固有色和环境色是色彩构成中的三大要素。

（1）光源色　是指不同类型的光源（如灯光、阳光、火光等）在发出光时，由于其频率、强度和比例的不同，形成的不同色光。这种色光会在物体表面产生反射，从而影响物体的色彩呈现。

（2）固有色　是指在自然光线照射下，物体本身所呈现出的原始颜色。在特定光照和周围环境的影响下，固有色会发生一定的变化，这一点在实际观察中需要特别注意。固有色通常在物体的灰部（即光线与物体表面形成一定角度，颜色看起来较为柔和、中性化的部分）较为明显。

（3）环境色　是指物体周围环境中的颜色，由于光的反射作用，这些颜色会呈现在物体表面，从而影响物体的色彩。特别是在物体的阴影部分，环境色的影响更为明显。

第二节 | 色彩对比

一、色相对比

　　将不同颜色放在一起时，颜色彼此之间会产生一定的视觉差异和对比效果，这种差异在色彩学中被称为色相对比。色相对比的强弱主要取决于不同颜色在色轮上的距离。在色轮上，颜色之间的距离（角度）越大，它们之间的色相对比就越强；相反，颜色之间的距离（角度）越小，它们之间的色相对比就越弱，见图1-11。

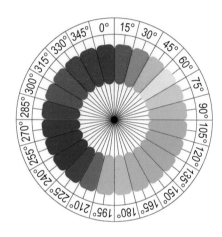

图1-11　色相环

左：在色相环中，根据色相对比的强弱可分为同类色、邻近色、类似色、中差色、对比色、互补色等。在色相环上相隔15°为同类色相；相隔30°为邻近色相；相隔60°为类似色相；相隔90°为中差色相；相隔120°为对比色相；相隔180°为互补色相。

1. 同类色相对比

　　同类色相对比是指在色相环上位置相近的颜色之间的对比，属于色相的弱对比。这种色相对比效果统一、和谐，并保留明确的色相特征，整体色调协调统一，但也容易出现单调的效果。同类色相对比在实际应用中非常广泛，例如，在设计、绘画、摄影等领域，通过巧妙运用同类色相对比，可以创造出既和谐又富有变化的视觉效果，见图1-12。

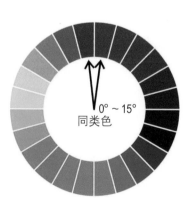

（a）同类色相　　　　（b）同类色服装配色效果

图1-12　同类色相对比

左：色相环上相隔15°的色彩称为同类色。

右：通过轻微改变色相，可以在不破坏整体色调和谐性的前提下，为设计增添新的活力和变化。在设计同类色相的服装时，可以通过拉开明度和纯度的对比进行调整。

2. 邻近色相对比

相邻的色彩对比通常具有相似的温度特征（如冷色或暖色），能够表达较为明显的色彩感觉。这种色相对比在视觉上能够形成统一与和谐的效果，同时又不失柔和与单纯，给人带来较鲜明的视觉感受，见图1-13。

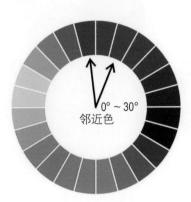

（a）邻近色相　　　　　　　（b）邻近色服装配色效果

图1-13　邻近色相对比

左：色相环上相隔30°的色彩称为邻近色。

右：邻近色相的对比效果既能保持色调的和谐统一，又能避免单调、乏味，在服装配色中常采用这种方法。

3. 对比色相对比

对比色相对比是指两种或多种色彩之间明显的视觉差异，视觉效果鲜明而强烈。但这种对比也可能会导致视觉疲劳，在配色不当的情况下，对比色可能会显得杂乱无章或过于刺激，从而导致色彩的倾向不明确，可能难以实现色彩的和谐与统一，见图1-14。

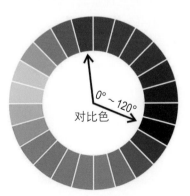

（a）对比色相　　　　　　　（b）对比色服装配色效果

图1-14　对比色相对比

左：色相环上相隔120°的色彩称为对比色。

右：对比色相视觉效果非常强烈，如黄色与蓝色对比，效果醒目活泼，但是这种对比也带来了难以统一和可能显得相对杂乱等问题，容易造成视觉疲劳。为了克服这些问题，需要采用多种调和手段来协调对比效果。

4. 互补色相对比

互补色相对比效果强烈，产生强烈的视觉刺激，给人留下深刻的印象。但如果搭配不当，也可能导致整体不安定、不协调的效果，甚至给人留下幼稚、粗俗的感受，见图1-15。

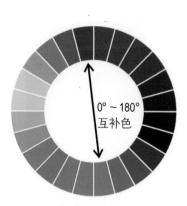

（a）互补色相　　　　　　（b）互补色服装配色效果

图1-15　互补色相对比

左：色相环上相隔180°的色彩称为互补色。

右：红色针织衫与绿色阔腿裤形成互补色相，具有强烈刺激的视觉效果，对人的视觉具有强烈的吸引力。在配色时，要注意调和好色相的纯度，以确保整体效果既醒目又不失和谐。

二、明度对比

明度对比是两种或多种色彩加入不同比例的黑色和白色后所呈现出的明暗程度对比，又称为黑白度对比。这种对比关系能够展现出丰富的层次感、空间感、清晰感、重量感和软硬感。通过明度对比，可以将9级明度色标划分为三种基调：低调色（1～3级）、中调色（4～6级）和高调色（7～9级），见图1-16、图1-17。

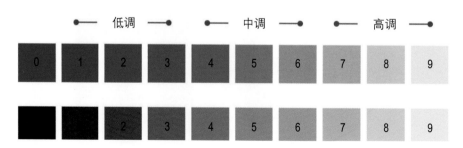

图1-16　明度色标

上：明度对比的强弱取决于色彩之间的明度差别：明度差别越大，对比越强；明度差别越小，对比越弱。

（a）高调对比　　　　　　　　（b）中调对比　　　　　　　　（c）低调对比

图1-17　明度对比服装配色效果

左：黑色吊带裙与白色打底衫形成高调强烈的对比，服装色彩醒目且强烈。

中：红色披风与渐变半身裙形成中调对比，柔和过渡，产生了融合感。

右：深蓝色半身裙与卫衣上部的中蓝色形成低调对比，局部穿插白色与黄色作为点缀，丰富了整体的色彩层次。

三、纯度对比

　　纯度对比是指不同纯度的颜色之间的对比关系。当我们将不同纯度的颜色进行搭配时，可以创造出丰富的色彩层次和深度，从而增强设计的吸引力和表现力。根据纯度不同，可分为3个阶段，每个阶段又分为3个等级，分别为低纯度（1~3级）、中纯度（4~6级）和高纯度（7~9级），见图1-18、图1-19。

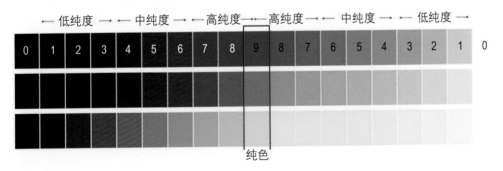

图1-18　纯度色标

上：弱对比的色彩搭配在视觉上显得较为柔和，形象轮廓不甚清晰；中等纯度的对比则能够营造出一种平衡的美感，色彩关系既不过于突兀也不过于单调，层次感较强；高纯度对比则能够产生强烈的视觉冲击，使色彩之间的反差达到极致，明亮的色彩更加耀眼夺目，而深沉的色彩则更加深邃与神秘。

（a）低纯度对比　　　　　　（b）中纯度对比　　　　　　（c）高纯度对比

图1-19　纯度对比服装配色效果

左：黑色与深红色形成低纯度强烈的对比，服装色彩醒目、强烈。

中：蓝绿色与浅蓝绿色设计形成中纯度对比，再搭配纹理，融合效果好。

右：以浅红色为核心，搭配黄色、蓝色等多种颜色，点缀白色，整体服装形成色彩明亮且丰富多变的效果。

色彩小贴士　冷暖对比

　　色彩冷暖对比是一种富有表现力的手法。一般而言，暖色调如红色、橙色和黄色，能够激发人们对温暖的联想；而冷色调如绿色、蓝色和紫色，则给人以凉爽或寒冷的感觉。中性色，如黑色、白色和灰色，则不具有明显的温度属性，在色彩对比中起到调和作用。在服装领域，色彩冷暖对比的运用是一种重要的视觉表现手段，通过对比来突出主题、引导视线或创造特定的风格和情感氛围，见图1-20。

（a）暖色为主　　　　　　（b）冷色为主　　　　　　（c）冷暖各半

图1-20　冷暖对比服装配色效果

左：暖色上衣为朱红色，裙装与提包以大红色、橘黄色为主，搭配少许中绿色，与朱红色形成对比，属于暖色对比的典范配色。

中：冷色连衣裙主体为藏蓝色，服装上的花形为深灰色或黑色，含蓄表达了模特的气质。

右：具有民族特色的服装图案丰富，色彩冷暖对比鲜明；看似杂乱，但是红色与绿色都降低了纯度，能显得融洽、和谐。

第三节 | 色彩的意象表现

一、色相的意象表现

　　色彩感知在情感表达中起着至关重要的作用，色彩能够直接触动人心，引发共鸣。这种难以用言语迅速表达的感觉，通常被称为色相的意象。为了在设计中有效地运用色相的意象，设计师需要对自然界的色彩进行细致采集、深入分析和巧妙加工。

　　在此过程中，设计师不仅展现个人的审美偏好和情感表达，还以独特的想象力和创新力为服装赋予了新的生命，见表1-1。

表1-1　色相的意象表现

序号	色相	意象说明	图例
1	红色	红色通常是活力与积极的象征，其强烈的刺激性给人以温暖的感觉；在某些场合下，红色也被用作警示的标志	
2	橙色	橙色明度较高，给人以温暖、柔和的感受。在服装设计中，应充分展现橙色的明亮和活泼特性	
3	黄色	黄色是冷漠、傲娇的象征，让人联想到运动，具有不安宁的特征；在纯黄色中混入少量其他色，所带来的色相感受和性格均会发生较大变化	
4	绿色	绿色代表大自然，让人感到舒适与安逸，能有效缓解疲劳；绿色是一种具有广泛适应性的颜色，与其他色彩搭配能呈现出不同的风格和氛围	
5	青色	青色介于绿色和蓝色之间，这种色彩是希望、坚强和庄重的象征，被认为具有淡雅和沉稳的特质	

续表

序号	色相	意象说明	图例
6	蓝色	蓝色是一种具有强烈个性的颜色，低明度的蓝色往往显得浑浊和深邃，给人一种冷酷和悲伤的感觉、高明度的蓝色则显得纯净和明亮，给人一种积极和开朗的感觉	
7	紫色	紫色象征权威和声望，能够营造出高尚而雅致的氛围。当紫色与黑色或白色结合时，会产生不同深浅层次的紫色，每种层次紫色都拥有其独特的个性	

二、色调的意象

色调主要分为冷色调和暖色调两大类，这种分类植根于人们长期的生活经验和心理感受之中。冷色调通常包括青色、蓝色等颜色，让人联想起月光与海水，给人一种清凉、宁静的感觉。暖色调包括红色、橙色、黄色等，让人联想到阳光，这些色彩在心理上能够唤起人们的热情、活力，使人感到温暖，见图1-21。

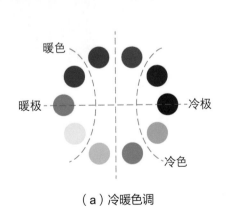

（a）冷暖色调　　　　　　（b）冷暖色服装搭配效果

图1-21　冷暖色调

左：对于色调的冷暖需要多观察、多比较、多感受。在暖色调的环境中，冷色调的主体往往更加醒目；而在冷色调的环境中，暖色调的主体则显得尤为突出、引人注目。

右：外套为冷色调，黄色打底衫为暖色调，搭配红色手包袋，形成暖色点缀效果，与外套形成鲜明的对比，显得既醒目又充满活力。

第四节 | 服装色彩搭配原则

设计师通过对色彩特性的掌握和运用，可以使服装在满足实用性要求的同时，也展现出独特的审美特征。在进行服装设计时，遵循色彩搭配原则，可以有效提升服装的整体设计水平。

一、统一原则

在服装设计中，保持各个要素之间的和谐与统一是非常重要的，需要对材质、色彩以及线条等元素进行选择和调和。和谐设计的关键在于调和，意味着通过对比色彩的融合来达到整体的统一。一个常用的技巧是使用相同的色彩元素，例如，一致的色块或者线条，以此来实现色彩的和谐与统一，见图1-22。

（a）黑色统一　　　　　　　　（b）粉红色统一　　　　　　　（c）多色融合统一

图1-22　色彩统一原则

左：色彩统一体现在服装造型、细节装饰、色彩搭配、线条轮廓等多个环节上，黑色的统一效果最直观，仅仅在材质上有所区别即可。

中：粉红色缺乏力度，可在领口和腰带上做文章，增加多色搭配，但并不影响整体色彩的视觉统一。

右：朋克风格的工装将多种颜色相互拼接融合，每种颜色所占据的面积相当，创造了一种视觉上的平衡与和谐，服装中各个元素之间的色彩不会存在太大差异。

二、重点原则

为了能让服装外观引人注目，服装设计师常采用多种策略来突出设计中的某一元素，包括运用色彩对比、材质搭配、线条交叉以及饰品点缀等设计手法。特别是配饰的使用，如腰带、毛领和装饰品等，合适的配饰能够成为整体造型中的"点睛之笔"，使设计的某个部分成为焦点，见图1-23。

（a）包与耳环　　　　　　（b）毛领　　　　　　（c）花式造型

图1-23　色彩重点原则

左：黑色修身连衣裙，搭配白色镶边，外加红色手包与耳环，重点强调红色，让红色的趣味性与整体色彩形成对比，从而达到重点突出的作用。

中：米色毛领对棕色外套的色彩起到亮化的作用，搭配中黄色纽扣，更显点缀之美。

右：白色晚礼服显得十分高雅、肃穆，胸前以紫色植物花式造型为核心焦点，巧妙地作为整体服装中的色彩亮点呈现。

三、平衡原则

在服装设计中，色彩的平衡感非常重要，它能够给整体造型带来稳定性和静谧感。平衡可以分为对称平衡和非对称平衡两种。

对称平衡的特点是以身体的中轴线为基准，两侧的设计完全一致，营造出一种稳定、和谐且庄重的氛围，但也可能略显刻板；非对称平衡则是通过视觉手段达到一种动态的平衡状态，即使服装两侧的色彩设计不完全相同，但整体上仍能给人一种和谐统一的感觉。

在设计时，还应特别注意上装与下装之间的平衡。服装的上下部分需要保持重量感的一致性，避免出现上装过重或下装过轻的失衡现象，见图1-24。

（a）对称平衡　　　　　（b）上下均衡　　　　　（c）整体均衡

图1-24　色彩平衡原则

左：对称平衡的服装色彩给人多变的印象，上衣左右两侧对称的毛绒口袋与服装整体质感形成对比。

中：设计虽然不对称，但是宽松衬衫上柔美的条纹图案能给人以别样的风格感受。

右：连衣裙由整体均衡的点、线、面纹理相互穿插，形成非对称平衡的视觉感受。

四、比例原则

　　比例原则涉及色彩、构造以及各个细节元素在服装整体中的分配与协调，恰当的比例不仅能够修饰身形，还能突出其优点。例如，口袋的尺寸、衣领的宽度、色彩的分布等，都是需要仔细考虑的因素。此外，饰品和配件的比例大小也不容忽视。在服装设计中巧妙运用比例，能使服装更加美观大方，见图1-25。

（a）三七比　　　　　（b）六四比　　　　　（c）三三比

图1-25　色彩比例原则

左：三七比是指上装色彩占30%，下装色彩占70%，通常适用于色彩对比强烈的搭配。

中：六四比是指上装色彩占60%，裙装或裤装、鞋色彩占40%，通常适用于色彩对比较中性的搭配。

右：三三比是指全身整体色彩分为三大部分，每部分各约占33.3%，通常适用于色彩对比较温和的搭配。

五、韵律原则

　　韵律是指一种视觉上的节奏感。在设计领域，韵律能够通过各种手段实现，如颜色深浅的渐变、形状大小的变化等，以此来创造富有韵律感的服装作品。在视觉艺术中，线条和色彩的重复运用是实现这种韵律效果的关键。在服装设计中，轻薄的质地和长摆设计等都是常见的韵律元素，见图1-26。

（a）图案元素韵律　　　　（b）色块韵律　　　　（c）纹理韵律

图1-26　色彩韵律原则

左：黑与白穿插重复能制造出丰富的层次感，采用大小图案交替拼接，能突出服装裙摆造型色块的重要性。

中：红色和蓝色之间形成的色块造型具有倾斜的韵律感，色块之间所形成的线条是韵律的灵魂所在。

右：图案和肌理能形成令人扑朔迷离的视觉效果，这些复杂的图案和质感中往往蕴含着潜在的韵律效果。

本章小结

　　服装的配色方法多种多样，每种颜色都具有其独特的特性和情感表达。本章旨在阐述服装配色的基础知识，普及各种色彩组合理论，解析不同色彩搭配所产生的视觉效果，引导读者深入理解各种色彩搭配关系、色彩意象和搭配原则，指出在不同的环境中，相同的配色方案可能会产生截然不同的视觉效果。

第二章

服装基础色系
与色彩情感

识读难度：★ ★ ★ ☆ ☆

重点概念：色系、色彩情感

章节导读：色系主要分为无彩色系和有彩色系两大类。无彩
色系如黑、白、灰，有彩色系如红色、黄色、蓝
色等，每种颜色都带有特定的情感和象征意义。
例如，红色、黄色和棕色等由太阳和大地衍生的
颜色，通常会给人一种温暖而柔和的感受。蓝
色、绿色和紫色等由冰雪和天空衍生的颜色，则
给人带来凉爽、通透的感受。在服装设计中，颜
色的搭配至关重要。黑、白、灰作为无彩色系，
能够与任何有彩色系完美搭配，因此是服装设计
中不可或缺的色彩元素。通过合理运用不同色
系，设计师可以创造出各种风格迥异的服装
作品。

第一节 | 红色系

一、认识红色

1. 含义

红色是一种鲜艳的颜色，在可见光中，红色位于长波末端，其波长范围大致为620～780nm。作为色彩学中的基本三原色之一，红色具有引人注目的视觉特性。

2. 色彩情感

红色能够引发观察者深刻的感官反应，象征吉祥、喜庆，常与热情、奔放和激情等情绪相关联。红色与许多颜色都能形成鲜明的对比效果，能够在视觉上产生一种向前的迫近感和扩张感，从而引发人们兴奋、激动和紧张等情绪。在色彩饱和度较高的情况下，红色呈现出激昂和热烈的情绪；而在色彩饱和度较低时，则呈现出深沉和暗淡的情绪，见图2-1。

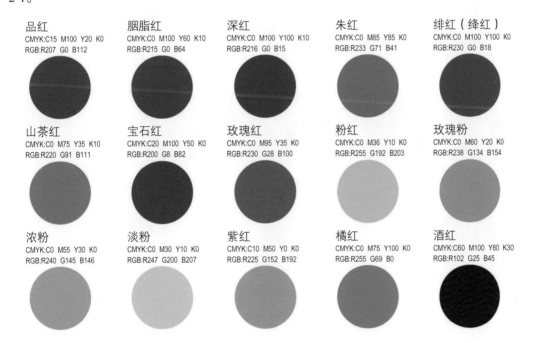

品红
CMYK:C15 M100 Y20 K0
RGB:R207 G0 B112

胭脂红
CMYK:C0 M100 Y60 K10
RGB:R215 G0 B64

深红
CMYK:C0 M100 Y100 K10
RGB:R216 G0 B15

朱红
CMYK:C0 M85 Y85 K0
RGB:R233 G71 B41

绯红（绛红）
CMYK:C0 M100 Y100 K0
RGB:R230 G0 B18

山茶红
CMYK:C0 M75 Y35 K10
RGB:R220 G91 B111

宝石红
CMYK:C20 M100 Y50 K0
RGB:R200 G8 B82

玫瑰红
CMYK:C0 M95 Y35 K0
RGB:R230 G28 B100

粉红
CMYK:C0 M36 Y10 K0
RGB:R255 G192 B203

玫瑰粉
CMYK:C0 M60 Y20 K0
RGB:R238 G134 B154

浓粉
CMYK:C0 M55 Y30 K0
RGB:R240 G145 B146

淡粉
CMYK:C0 M30 Y10 K0
RGB:R247 G200 B207

紫红
CMYK:C10 M50 Y0 K0
RGB:R225 G152 B192

橘红
CMYK:C0 M75 Y100 K0
RGB:R255 G69 B0

酒红
CMYK:C60 M100 Y80 K30
RGB:R102 G25 B45

图2-1　红色细分种类

上：红色主要通过纯度来表现差异性，可以适度加入白色、黑色来调节对比差异；纯度高的红色主要用于服装的主打色，纯度低的红色更适合作为辅助色来使用。

二、配色要点

　　红色在时尚界中是一个经常被运用的色彩，尤其是在女性和儿童服装设计中更为常见，传达出青春、活力和积极向上的气息。

　　颜色的不同表现，比如色相、明度和纯度的差异，能够给服装设计带来不同的情感表达。朱红色展现一种热情和积极的态度，深红色则显得质朴而稳重，紫红色带有一种温婉而柔和的气质，绯红色则显得艳丽和明快，玫瑰红色显得鲜艳而华丽，酒红色则表现出深邃和优雅的感觉，粉红色端庄而柔和，让人感到轻松和温暖，见图2-2、图2-3。但是，对于体胖高大或身材较矮的人来说，不适宜穿着大面积的红色服装。

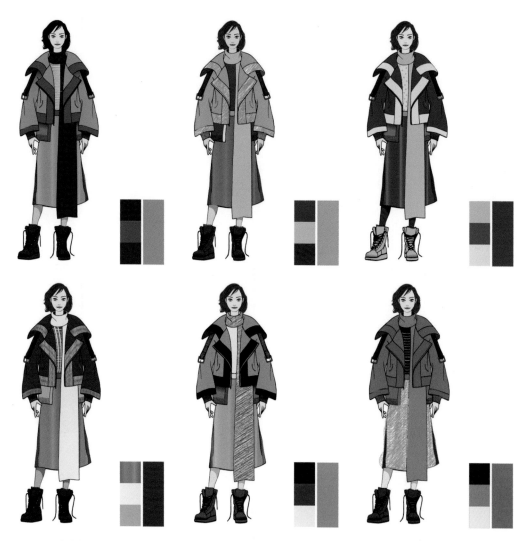

图2-2　配色效果

（a）弱纯度红色套装　　　　　　（b）浅粉红色长裙　　　　　　（c）高纯度红色套装

（d）酒红色长裙　　　　　　　（e）中性红色套装　　　　　　（f）粉红色西装

图2-3　配色应用

图2-3（a）：在设计中运用多种红色进行搭配时，需深入思考色彩的明度、纯度以及它们在整体设计中的面积分布等因素。纯度的变化对整体穿着效果的塑造具有决定性作用，能够创造出完全不同的视觉感受。

图2-3（b）：一袭浅粉红色的长裙在热烈中蕴藏着几分含蓄、温柔，搭配个性化的服装设计，使整体显得清新别致，醒目而亮丽。

图2-3（c）：高纯度红色象征着性格强烈，为活泼好动的人所喜爱，可以营造出一种乐观、富有朝气的形象。

图2-3（d）：酒红色的长裙与黑色腰带搭配，突出了整体暗红色调，体现出典雅、高贵的品位，领口搭配一条同色系的酒红饰带，表现出稳重、含蓄的性格。

图2-3（e）：同一种红色，不同纯度的连衣长裙，在冬季沉闷的着装中，显示出活力与热情，颜色在整体面积中的合理搭配，使穿着者显得妩媚、浪漫，多用于少女或时髦女性的服饰搭配。

图2-3（f）：这款粉色女装看起来非常柔和，里面搭配黄色打底毛衫，增加了服装的协调感。

第二节 | 橙色系

一、认识橙色

1. 含义

橙色处于可见光波长较长的部分，波长范围大致为590～610nm。这一色彩介于红色和黄色之间，是二者混合形成的间色，又称橘黄色或橘色。

2. 色彩情感

在暖色系中，橙色是最为鲜明和活泼的色调之一，它在视觉上具有显著的冲击力，但同时也可能导致视觉疲劳。在自然界中，橙色广泛存在于橙柚、玉米、花朵等自然物中，这些物体中的橙色让人自然联想到秋天的丰硕与富足。橙色通常代表热情、活力、兴奋、温暖、欢乐等情感意义，也可能与任性、偏激、刺激、骄傲等情感联系在一起，见图2-4。

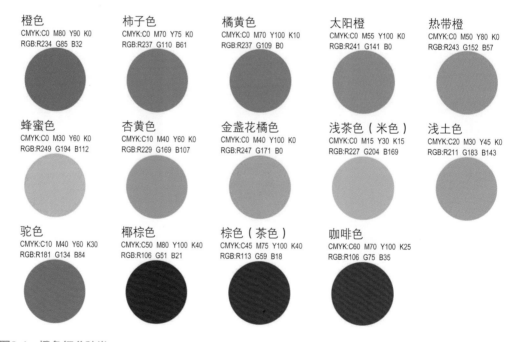

图2-4 橙色细分种类

上：橙色的特性主要通过色彩的纯度来展现。高纯度的橙色作为服装的主要色彩或装饰色使用，而低纯度的橙色需要与其他高纯度的色彩相搭配，以增加对比度和差异性。此外，适当加入黄色或黑色可以进一步调节和优化整体的色彩对比，使服装设计作品更加引人注目。

二、配色要点

　　橙色的个性活泼欢快，充满热情，通过调整橙色色调，设计师能够塑造不同的环境氛围，常被用于户外运动服装、秋冬季节的服装以及儿童服装的色彩设计。高饱和度且低亮度的橙色会给人一种沉稳和安定的感觉，并可能引发对古老、悲观和束缚的情绪联想；低饱和度且高亮度的橙色则更加温柔、细致，给人以轻盈和慈爱的感觉。值得注意的是，橙色与紫色或深蓝色搭配可能会产生阴暗和沉闷的效果。相比之下灰色与橙色的组合更为常见，见图2-5、图2-6。

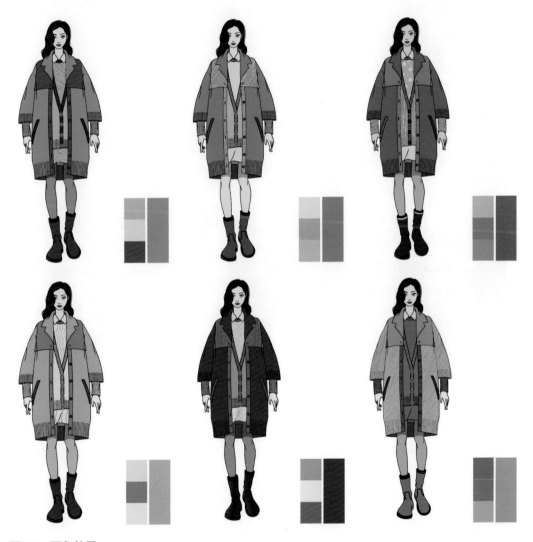

图2-5　配色效果

（a）不同深浅的橙色

（b）橙色短装夹克搭配
白底图案长裙

（c）橙色和红色渐变搭配

（d）低纯度橙色

（e）暗浊橙色

（f）橙色演变为棕色

图2-6 配色应用

图2-6（a）：通过巧妙地搭配深浅不一的橙色调，可以营造出既和谐又充满变化的视觉效果。适当地融入一些图案元素，能够吸引人们的目光，使服装设计作品更加引人注目。

图2-6（b）：鲜明的橙色给人以明快、活泼、令人振奋的感觉，橙色短装夹克搭配白底图案长裙，具有引人注目的效果，会显得生机勃勃。

图2-6（c）：橙色和红色的搭配，可以将橙色作为主打色来传达热情、活跃、热烈的氛围，向下渐变为深红色，表现出沉稳的视觉效果。

图2-6（d）：低纯度橙色皮上衣与棕褐色皮裙搭配，有协调统一的效果，显得热情时髦，与黑色长靴搭配，极富摩登感。

图2-6（e）：当橙色变淡或变暗浊之后运用较为广泛，尤其是淡米黄色或茶色系，搭配一些简单的图案，能营造出优雅、复古的氛围感。

图2-6（f）：棕色是由橙色降低纯度而形成的，是一种比较温暖的色调，适合在冬季穿着，同时棕色属于大地色，具有洋气、端庄、高级感。

第三节 | 黄色系

一、认识黄色

1. 含义

黄色位于可见光波长的中段，波长范围大致为570～595nm，颜色介于绿色与橙色之间，让人联想到成熟柠檬的清新或向日葵的温暖。

2. 色彩情感

黄色是一种醒目的颜色，其鲜明的色调和强烈的视觉冲击力使其成为最为显著的色彩之一。在文化和心理学领域，黄色通常与温暖、繁荣、乐观和活力等积极情感紧密相连。历史上，黄色在中国拥有特殊而崇高的地位，作为皇族的专属色彩，象征着权力和尊贵的身份，因此也常常与傲慢、高冷和敏感等特质联系在一起，见图2-7。

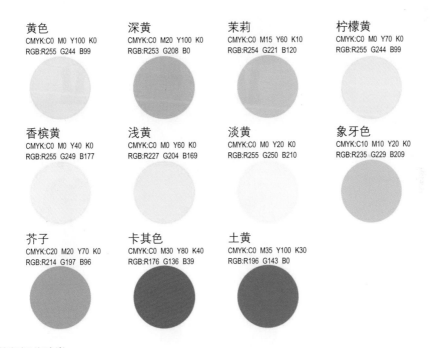

图2-7　黄色细分种类

上：黄色在视觉表现上主要依靠其明度的不同变化决定了在视觉上的辨识度，适当融入白色、灰色、黑色等色彩可以优化黄色与其他色彩之间的对比度，从而增强整体的视觉效果。黄色作为服装设计的主要色彩或点缀色彩都十分适宜，但选择辅助色时，应避免与黄色形成过于强烈的对比。

二、配色要点

黄色作为一种鲜明的色彩，能够在整体着装中增添活力。当黄色与其他颜色混合时，其色相和色彩性格会发生显著变化。例如，将少量红色加入黄色中，会形成温暖的橙色；而加入蓝色则会变为富有亲和力的绿色。为展现黄色的活力，可以将其与橙色、褐色等暖色系进行搭配，营造出一种温暖的感觉，见图2-8、图2-9。

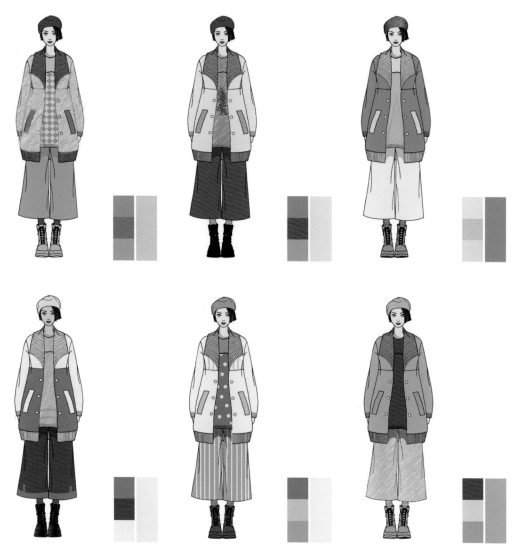

图2-8　配色效果

（a）搭配红色印花

（b）深黄色的西装套装

（c）偏白色调的黄色裙

（d）黄黑白搭配

（e）黄色大衣搭配白色围脖

（f）暗黄色搭配黑色领口

图2-9　配色应用

图2-9（a）：将温暖的红色印花作为连衣裙的点睛色，冲淡黄色本身可能带来的过于明亮或刺眼的感觉，使连衣裙展现出非凡的优雅与得体，印花元素也充满了精致之感。

图2-9（b）：深黄色的西装套装搭配同色系的黄色鞋靴显得更加明亮、醒目，非常符合秋季氛围。

图2-9（c）：偏白色调的黄色OL裙装非常有层次感，整套搭配起来很出彩，显得知性、优雅。

图2-9（d）：明亮的黄色中长外套与低调的黑色打底毛衣、白色九分裤，衬托出沉稳的效果，整体看上去成熟又有活力。

图2-9（e）：黄色大衣搭配白色修身连衣裙，可以将黄色稍微变得柔和一些，白色的皮草围脖也能让整体造型更加优雅且富有气质。

图2-9（f）：偏暗的黄色系服装能让暖色皮肤非常显白，领口搭配黑色装饰线条，给人简约、干净、利落的感觉，彰显职业女性的气质。

第四节 | 绿色系

一、认识绿色

1. 含义

绿色是自然界中极为普遍且引人注目的颜色，位于可见光波长的中段，波长范围大致为492～577nm。绿色往往与春日里的新叶和嫩草紧密相连。

2. 色彩情感

绿色是大自然的代表色，以其特有的舒适与宁静特质，能够减轻疲劳、稳定情绪。绿色还代表了青春、活力、自由及繁荣，给人以清新、希望、安全、和平、宁静、生机勃勃、青春洋溢以及轻松愉悦的感觉，见图2-10。

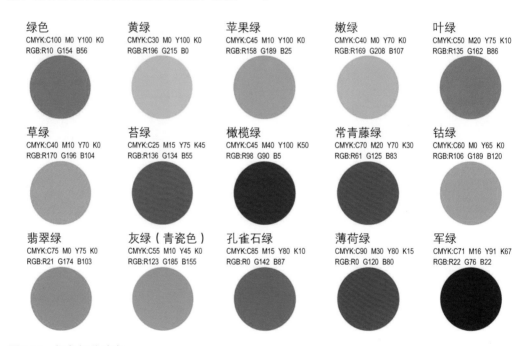

绿色	黄绿	苹果绿	嫩绿	叶绿
CMYK:C100 M0 Y100 K0	CMYK:C30 M0 Y100 K0	CMYK:C45 M10 Y100 K0	CMYK:C40 M0 Y70 K0	CMYK:C50 M20 Y75 K10
RGB:R10 G154 B56	RGB:R196 G215 B0	RGB:R158 G189 B25	RGB:R169 G208 B107	RGB:R135 G162 B86

草绿	苔绿	橄榄绿	常青藤绿	钴绿
CMYK:C40 M10 Y70 K0	CMYK:C25 M15 Y75 K45	CMYK:C45 M40 Y100 K50	CMYK:C70 M20 Y70 K30	CMYK:C60 M0 Y65 K0
RGB:R170 G196 B104	RGB:R136 G134 B55	RGB:R98 G90 B5	RGB:R61 G125 B83	RGB:R106 G189 B120

翡翠绿	灰绿（青瓷色）	孔雀石绿	薄荷绿	军绿
CMYK:C75 M0 Y75 K0	CMYK:C55 M10 Y45 K0	CMYK:C85 M15 Y80 K10	CMYK:C90 M30 Y80 K15	CMYK:C71 M16 Y91 K67
RGB:R21 G174 B103	RGB:R123 G185 B155	RGB:R0 G142 B87	RGB:R0 G120 B80	RGB:R22 G76 B22

图2-10 绿色细分种类

上：绿色在视觉上可识别的范围较窄，可以通过改变其明度、纯度、色相等多方面来表现差异性，尽量扩大对比，但是对比加大后容易偏离绿色的最初属性。在服装设计中，绿色既可以作为主体色，也可以作为辅助色使用；而黄色作为绿色的重要辅助色，能够为设计增添无限可能。

二、配色要点

　　绿色是黄色和蓝色的间色，由于加入的黄色和蓝色比例不同，带给人的心理感受也不同。当绿色偏向黄色时，会显得较为稚嫩和活泼；而当绿色偏向蓝色时，则会显得更加稳重和深邃。黄色的温暖感与蓝色的寒冷感达到了某种平衡，使得绿色显得平和安稳，既恬静又充满活力。在使用绿色进行服装搭配时，通过选择与绿色相近的色彩，可以增强整体的视觉效果，见图2-11、图2-12。

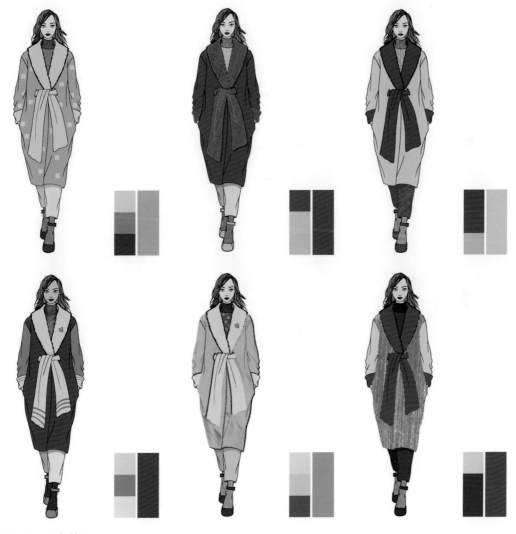

图2-11　配色效果

（a）绿色与咖啡色搭配　　　　（b）绿色搭配不规则花边　　　　（c）绿色与黄色搭配

（d）墨绿色丝光面料　　　　（e）饱和度低的绿色　　　　（f）绿色与灰、白色搭配

图2-12　配色应用

图2-12（a）：绿色与常见的咖啡色、驼色、卡其色搭配最佳，组合起来简单又有新意，给人成熟稳重的感觉。

图2-12（b）：绿色不规则花边半身裙勾勒出女性的柔美线条，修身显瘦，整体的设计和新颖的褶皱元素，更显时尚。

图2-12（c）：绿色与暖色系的黄色搭配，象征青春、活泼，还有着一股酷帅的中性风，给人清爽、生动的感受。

图2-12（d）：同色系搭配不但可以使整体造型风格统一，还很容易穿出高级感。如墨绿色、军绿色等不同材质、不同深浅的绿色搭配在一起会更有层次感。

图2-12（e）：饱和度低的绿色束腰条纹风衣，清爽飘逸，使人赏心悦目，显得低调沉稳又端庄大气。

图2-12（f）：绿色与无彩色搭配，可以打破黑、白、灰带来的单一感，使整体看起来更显活力。

第五节 | 蓝色系

一、认识蓝色

1. 含义

蓝色在可见光中位于短波段，波长范围大致为430～500nm，蓝色是三原色之一。在自然环境中，晴朗的天空是蓝色光最常见的体现。

2. 色彩情感

蓝色是自由与保守并存的象征，即使经过淡化，仍然能够保持较强的个性。蓝色与海洋、天空、湖水及宇宙联系在一起，给人带来晴朗、开阔、自由、冷静及理智等感觉。在色彩分类中，蓝色被归为典型的冷色，带有一丝忧郁的气息，给人一种冰冷深邃的感受，见图2-13。

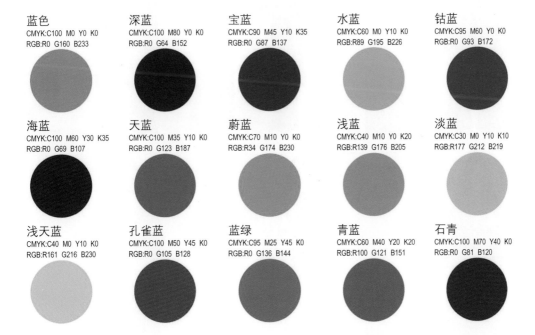

蓝色	深蓝	宝蓝	水蓝	钴蓝
CMYK:C100 M0 Y0 K0	CMYK:C100 M80 Y0 K0	CMYK:C90 M45 Y10 K35	CMYK:C60 M0 Y10 K0	CMYK:C95 M60 Y0 K0
RGB:R0 G160 B233	RGB:R0 G64 B152	RGB:R0 G87 B137	RGB:R89 G195 B226	RGB:R0 G93 B172

海蓝	天蓝	蔚蓝	浅蓝	淡蓝
CMYK:C100 M60 Y30 K35	CMYK:C100 M35 Y10 K0	CMYK:C70 M10 Y0 K0	CMYK:C40 M10 Y0 K20	CMYK:C30 M0 Y10 K10
RGB:R0 G69 B107	RGB:R0 G123 B187	RGB:R34 G174 B230	RGB:R139 G176 B205	RGB:R177 G212 B219

浅天蓝	孔雀蓝	蓝绿	青蓝	石青
CMYK:C40 M0 Y10 K0	CMYK:C100 M50 Y45 K0	CMYK:C95 M25 Y45 K0	CMYK:C60 M40 Y20 K20	CMYK:C100 M70 Y40 K0
RGB:R161 G216 B230	RGB:R0 G105 B128	RGB:R0 G136 B144	RGB:R100 G121 B151	RGB:R0 G81 B120

图2-13　蓝色细分种类

上：蓝色可识别的范围有一定的界限，可以通过调整其明度、纯度、色相等多方面来表现差异性，尽量扩大对比，但是对比过大容易偏离蓝色的最初属性。蓝色适用于服装的主打色，但应尽量不搭配暖色，可能会破坏整体的和谐感。偏绿的蓝色给人稳重、安定感；偏紫的蓝色给人轻佻、浮躁感。

二、配色要点

　　蓝色色彩特征明显，与其他暖色搭配时不易调和。随着明度的变化，蓝色会给人以不同的感觉，低明度的蓝色显得浑浊而深邃，从而带有一种冷酷和悲伤的情感色彩，与高纯度色彩搭配时，能够形成严肃、庄重的视觉效果，因此常被用于商务制服、正式场合的装饰等。高明度的蓝色显得纯净而明亮，能传达出积极乐观的信息，这种明亮的蓝色与低纯度暖色系小面积搭配时，可以营造出充满活力的氛围，与白色搭配则可以产生清新明快的视觉效果，见图2-14、图2-15。

图2-14　配色效果

（a）蓝色正式服装　　　（b）低饱和度蓝色　　　（c）蓝色与驼色搭配

（d）藏蓝色搭配图案　　（e）浅天蓝色套裙　　　（f）个性蓝色与黑色搭配

图2-15　配色应用

图2-15（a）：蓝色是永恒的象征，一身蓝色正装十分沉稳，给人很强烈的信赖感；蓝色吊带连衣裙穿在身上尽显高雅气质。

图2-15（b）：对蓝色进行少许饱和度变化，能营造出视觉层次感，上半身和下半身不同明度的蓝色具有层次感，协调又不沉闷，变化微妙，起到提升气质的效果。

图2-15（c）：蓝色与驼色的搭配毫不费力，是秋冬永不过时的色彩组合，显得深沉、温暖、高级又时髦。

图2-15（d）：厚重的藏蓝色彩组合，既显瘦又显白，非常适合想要展现稳重或成熟的人士，但如果不适当搭配，它也可能显得过于沉闷。因此，上衣增加了铜金色饰品，在厚重中带有高级且生动的气息，厚重的色彩组合就不会显得单调。

图2-15（e）：浅天蓝色套裙能表现出优雅、知性的气质，宽体款型能表现出松弛的一面，给人很舒适的穿着感受，具备强烈的文艺感。

图2-15（f）：个性强烈的蓝色与黑色搭配，形成撞色效果，具有聚焦视线的作用，搭配服装开胸造型款式，为整体造型增添了一些性感和张力。

第六节 | 紫色系

一、认识紫色

1. 含义

紫色波长是可见光中较短的，波长范围大致为380~430nm。这种颜色由红色和蓝色混合而成，属于中性偏冷色彩，给人一种高贵和优雅的感觉。

2. 色彩情感

紫色象征着高贵，是一种充满魅力的色彩，代表声望、优雅、高贵、魅力。紫色在不同的文化中具有不同的象征意义，在东方文化中，紫色代表权威与贵重，在古代只有皇室贵族或高级官员才能穿着紫色的服装。在西方文化中，紫色则与哀悼和沉思相关联，常常被用来表达悲伤、孤独和忧郁等消极情感，见图2-16。

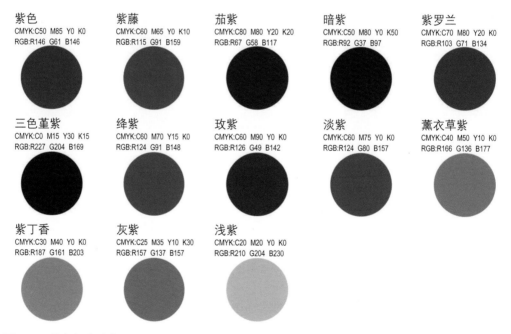

紫色
CMYK:C50 M85 Y0 K0
RGB:R146 G61 B146

紫藤
CMYK:C60 M65 Y0 K10
RGB:R115 G91 B159

茄紫
CMYK:C80 M80 Y20 K20
RGB:R67 G58 B117

暗紫
CMYK:C50 M80 Y0 K50
RGB:R92 G37 B97

紫罗兰
CMYK:C70 M80 Y20 K0
RGB:R103 G71 B134

三色堇紫
CMYK:C0 M15 Y30 K15
RGB:R227 G204 B169

绛紫
CMYK:C60 M70 Y15 K0
RGB:R124 G91 B148

玫紫
CMYK:C60 M90 Y0 K0
RGB:R126 G49 B142

淡紫
CMYK:C60 M75 Y0 K0
RGB:R124 G80 B157

薰衣草紫
CMYK:C40 M50 Y10 K0
RGB:R166 G136 B177

紫丁香
CMYK:C30 M40 Y0 K0
RGB:R187 G161 B203

灰紫
CMYK:C25 M35 Y10 K30
RGB:R157 G137 B157

浅紫
CMYK:C20 M20 Y0 K0
RGB:R210 G204 B230

图2-16 紫色细分种类

上：紫色可识别的范围较窄，可以通过明度、纯度、色相等多方面来表现差异性并尽量扩大对比，即使对比加大后也不会偏离紫色的最初属性，具有很稳定的显色性。偏红的紫色给人高贵、富裕的感觉；偏蓝的紫色给人不稳重的轻浮感。

二、配色要点

　　紫色波长较短，属于色轮中明度最低的色调，在视觉上通常给人一种冷静和内敛的感觉。这种颜色由蓝色和红色混合而成，因此它继承了这两种颜色的特性。在利用紫色来塑造优雅或尊贵的个人形象时，需要小心地控制其鲜艳度。实践证明，低纯度的暗紫色比高纯度的亮紫色更容易吸引人们的注意。由于紫色本身偏向暗色，因此在服装配色时，应该优先考虑使用明度较高的紫色，见图2-17、图2-18。

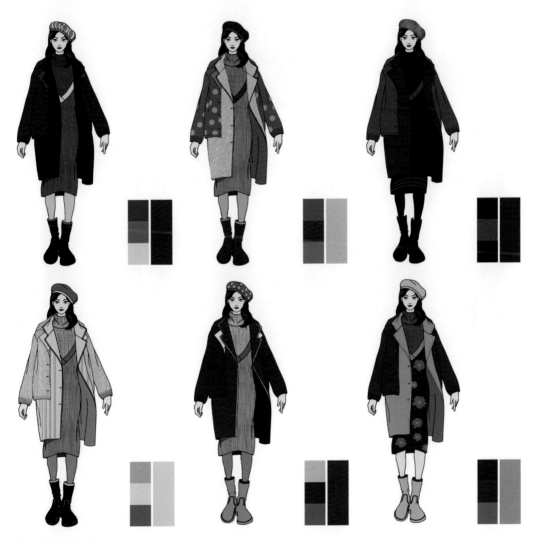

图2-17　配色效果

（a）紫色与白色搭配　　（b）不同低饱和度紫色搭配　　（c）紫色与花卉搭配

（d）紫色与黑色搭配　　（e）紫丁香与浅粉色搭配　　（f）浅紫色与粉色搭配

图2-18　配色应用

图2-18（a）：紫色与白色是最常见的组合，可以搭配出清新的梦幻感，紫色的开衫大衣设计精巧，白色打底衫若隐若现，极大地提升了浪漫感。

图2-18（b）：紫色与紫色搭配时，切忌全身上下都是一样的紫色，可以采用深浅搭配的方法，如紫色配紫红、紫红配暗紫等。

图2-18（c）：以紫色为基调的大型花卉图案连体衣，深色之间搭配合理，展现出复古、淡雅的气质。

图2-18（d）：紫色与黑色是最保守的组合，也是不会出错的搭配方式，这两种颜色组合在一起，显得高贵、沉稳。

图2-18（e）：紫丁香西装外套搭配浅粉色打底短裙套装，两种颜色的搭配形成鲜明的对比，给人甜美的感觉。

图2-18（f）：浅紫色与粉色的搭配方法非常别致，上半身简约的单色衬托出下半身的细节设计元素，显得穿着者有一种优雅与贵气。

第七节 | 黑、白、灰色系

一、认识黑、白、灰色

1. 含义

（1）黑色是光线完全缺失或完全不反射任何光源时呈现的颜色。当三原色的颜料以适当的比例混合时，可以创造出一个非常深的色调，即人眼所感知的黑色。

（2）白色明度最高，无色相。将色光三原色以合适的比例混合，可以获得一种复合光，它包含了光谱中所有的颜色，因此被称为白光。

（3）灰色介于黑色与白色之间。灰色可以被视为是黑色与白色之间的过渡色，它包含了从深灰到浅灰等多种不同的色调。

2. 色彩情感

（1）黑色是一种无明度的色彩，具有深沉而庄严的气质，给人一种神秘且冷酷的感觉。黑色常常与压抑和严肃的情绪联系在一起，而在某些特定的情境下，它也可能让人联想到悲伤或险恶的事物。

（2）白色通常让人联想到冰雪、白云和棉花，它象征着无暇、宁静和纯真，给人以恬静和整洁的感受，同时它也被视为和平与神圣的象征，因此在服装设计中广泛应用。

（3）灰色作为黑色与白色之间的过渡色，给人一种现实和稳重的感觉，它代表着简朴、朴素和深沉。同时，灰色也能让人联想到阴天、灰尘和灰心等，见图2-19。

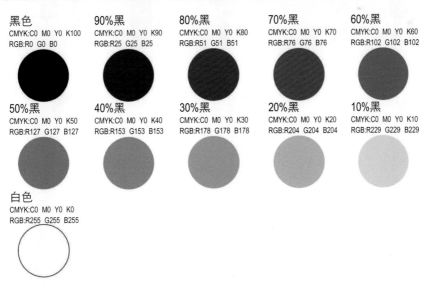

图2-19　黑、灰、白色细分种类

上：黑、灰、白色可以与任何颜色相搭配，只是比例设定会影响整体配色效果。灰色的使用能够体现出丰富的层次感，可以根据具体需要进行搭配，深灰色与浅色系、浅灰色与深色系的搭配，都能产生良好的视觉效果。黑、灰、白色是色彩搭配中调节整体层次的关键色。

二、配色要点

　　黑色是一种多功能色彩。它能够完全吸收其他色彩，从而在视觉上占据主导地位，也常常与正式、传统等特质联系在一起。白色与鲜艳的色彩搭配时，可以形成鲜明的对比，给人留下深刻印象。然而，白色服装可能会让穿着者显得体型较宽，因此对于身体较胖的人来说，白色并不是最佳选择。灰色则是一种中性的色彩，它不会像黑色和白色那样拥有明显界定。通过不同深浅的灰色搭配，可以创造出一种柔和且丰富的层次感，与其他色彩搭配时显得朴素而不失优雅，低调而不单调。总体而言，黑色、白色和灰色在时尚领域中扮演着重要的角色，各自的特性使得它们能够与多种色彩和谐搭配，创造出独特的视觉体验，见图2-20、图2-21。

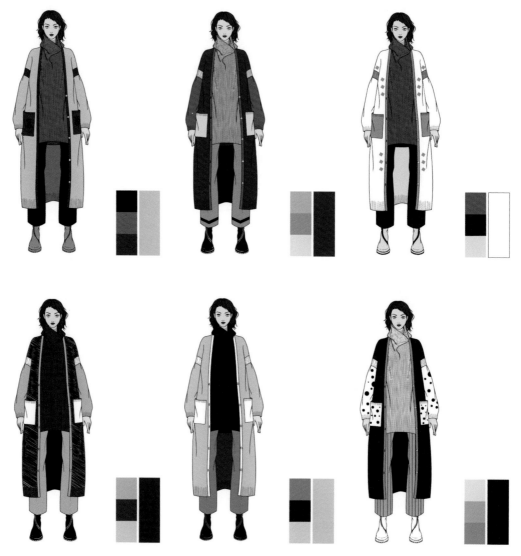

图2-20　配色效果

（a）黑色搭配金色饰品

（b）纯白色搭配黑色腰带

（c）不同层次灰色

（d）黑白对比搭配

（e）黑色与中灰色搭配

（f）高纯度色彩搭配黑色

图2-21　配色应用

图2-20（a）：黑色具有高级感，但是增加了金色饰品装饰的服装，比单一的黑色更能体现高档、奢华的格调。

图2-20（b）：纯白色连衣裙搭配一条辅助的黑色腰带，能够将白色的净爽、简洁体现得淋漓尽致，给人纯洁、干净、舒畅的印象。

图2-20（c）：用不同深浅的灰色相互搭配，可以表现出时尚、个性的风格，且辅以淡淡的暖色调，整体看上去比较柔和。

图2-20（d）：黑白服装的色彩搭配造型变化多样，适合的人群较广，也是最经典的搭配方法，适合各种风格。

图2-20（e）：黑色配上中灰色，不仅低调还富有个性，且两者都是百搭显瘦的色彩，更能展现出时尚高级感。

图2-20（f）：服装的造型会直接影响整体色调，通过小面积的高纯度色彩点缀，能让黑色服装造型变得更加精致、出众。

服装小贴士 服装色彩搭配

（1）红色配白色、黑色、蓝灰色、米色、灰色。

（2）粉红色配紫红色、黑色、灰色、墨绿色、白色、米色、褐色、海军蓝色。

（3）橘红色配白色、黑色、蓝色。

（4）黄色配紫色、蓝色、白色、咖啡色、黑色。

（5）咖啡色配米色、鹅黄色、砖红色、蓝绿色、黑色。

（6）绿色配白色、米色、黑色、暗紫色、灰褐色、灰棕色。

（7）墨绿色配粉红色、浅紫色、杏黄色、暗紫红色、蓝绿色。

（8）蓝色配白色、粉蓝色、酱红色、金色、银色、橄榄绿色、橙色、黄色。

（9）浅蓝色配白色、酱红色、浅灰色、浅紫色、灰蓝色、粉红色。

（10）紫色配浅粉色、灰蓝色、黄绿色、白色、紫红色、银灰色、黑色。

（11）紫红色配蓝色、粉红色、白色、黑色、紫色、墨绿色。

（12）黑、白、灰为百搭色，同色系搭配。

本章小结

　　本章对各类色彩的情感内涵以及配色技巧进行综合阐述，分析不同色彩搭配所展现出的情感表达及其在不同服装设计中的应用优势，并通过实际案例来强化色彩在服装设计中的具体应用。通过讲解各种色彩在服装配色中的效果，使读者能够深入理解色彩搭配的技巧，以便在实际设计中做出更恰当的选择。

第三章

服装风格与配色

识读难度：★ ★ ☆ ☆ ☆

重点概念：风格、配色、百搭、对比

章节导读：服装风格是时代、民族、流派或个人风格在服装
形式和价值取向上的表现，它不仅能够反映人的
内在品格和艺术审美，也是人们对美不懈追求的
结果。当今社会，服装款式多样，形成了多种多
样的风格，这些风格在受到广泛认可后，逐渐变
为共性审美，反映了历史、地域、文化和时代
特征。

第一节 | 瑞丽时装风格

一、风格特征

《瑞丽》是知名时尚杂志，它所倡导的服装搭配风格深受广大读者喜爱，并逐渐演变成一种独特的时尚潮流。这种风格被称为瑞丽时装风格，其特点在于融合了多个品牌的服装元素，形成了一种多样化的穿搭方式。这种风格在得到广泛接受后逐渐形成了一种固定的时尚趋势。

二、搭配要点

瑞丽时装风格的服装搭配，以其时尚、甜美、可爱、优雅的特性，深受年轻女性的喜爱。这种风格的服饰主要针对的是学生和年轻白领这两大人群，见图3-1、图3-2。

图3-1　瑞丽时装风格配色效果

（a）黑白配　　　　　　　　（b）米蓝配　　　　　　　　（c）中深配

图3-2　瑞丽时装风格服装色彩

左：最简单的瑞丽时装风格就是黑白配，在服装款式上，选择大众化、款式简洁的设计，在服装版型上坚持传统版型。

中：米色搭配深蓝色，给人以清新甜美，却不失现代感的印象。

右：中性色与提升明度的纯色是瑞丽时装风格的主流，搭配深色进行对比，整体配色以时尚、柔和、优雅为主，色彩清新明快。这种色彩搭配通常与蕾丝、尖头鞋、珠串等饰品组合，为整体造型增添一抹亮色。

第二节 | 百搭风格

一、风格特征

　　百搭指某些服装的颜色和款式可以灵活地与多种其他服饰搭配，打造出丰富多样的风格组合。这种风格的服饰常作为单品出现，它们的设计理念使其能够与不同版型和风格的服装完美融合，并且能与多种色彩和图案的配饰形成和谐或对比的视觉效果。常见的百搭款式包括简洁的纯色上衣、经典的牛仔裤等，因其高度的通用性和实用性而广受欢迎。

二、搭配要点

　　百搭服饰与其他服装的色彩融合性较好，常见的有以下几种色系：利用黑、白两色进行调和，能够有效中和过于鲜明的色彩，从而使整体造型更加和谐；大地色系因其沉稳与淡雅，常与简洁的素色相得益彰。靛蓝色具有独特的复古与时尚感，这一色调因其在牛仔服饰及海军风大衣中的广泛应用而成为经典，它所营造的色彩搭配效果通常显得更为深邃，能够适应多种配色，见图3-3、图3-4。

图3-3　百搭风格配色效果

（a）牛仔裤百搭　　　　　（b）米灰色风衣百搭　　　　　（c）藏蓝色袖口百搭

图3-4　百搭风格服装色彩

左：牛仔裤也可以和众多风格的服装饰品进行搭配，整体设计简洁明了，适合日常生活穿着，使人感到轻松、舒适。

中：黑色和白色是最为经典的百搭色彩，通过米灰色风衣来协调黑白之间的关系。

右：将牛仔裤的经典蓝色进行提纯处理，得到了袖口的藏蓝色，保留了牛仔裤蓝色的某些特质，显得整体搭配和谐统一。

第三节 │ 淑女风格

一、风格特征

淑女风格的服装融合了优雅、温婉与时尚元素类型多样。若为正装款式，则较为适合正式场合穿着，能够展现出个人的独特魅力和优雅气质。休闲装款式的淑女风格则更适合日常出行、朋友聚会等场合，它能营造出一种轻松愉悦的氛围。

二、搭配要点

淑女风格以浅色调和简洁的款式为特色，蕾丝和褶边是其标志性元素。在色彩选择上，应避免过深或过浅，以确保整体造型的和谐与平衡。这种风格的服装通常为连衣裙，简约大方的设计无论是正式场合还是休闲时光，都能体现出淑女端庄和内敛的气质，见图3-5、图3-6。

图3-5 淑女风格配色效果

（a）全白色　　　　　　　　　（b）多白少黑　　　　　　　　（c）中性粉红色

图3-6　淑女风格服装色彩

左：全白色是淑女风格中经典的色彩之一，通过服装款式可以进一步强化这种风格特征。

中：强烈的黑白对比服装造型，能够营造出清新自然的气场，看起来柔和、优雅，同时也能凸显出穿着者的内敛与含蓄。

右：中性粉红色七分袖上衣，搭配略深的粉红色碎花蓬蓬裙，形成温和的弱对比效果，既具有层次感又不失和谐统一。

第四节　民族风格

一、风格特征

　　民族风格是指各民族文化中独有的服装，也可以称为地方服装或民俗服装。大致分为传统正装与改良装两类。传统正装代表各民族的服饰文化，它们在设计和色彩搭配上保留本民族独特的审美观念和历史传统。而改良装则是在现代服装设计理念的影响下发展起来的，这种服装在传统的基础上巧妙融入了现代设计元素，使民族风格的服装在保持传统魅力的同时，也能更加符合现代社会的审美和实用需求，实现民族风格服装的传承与创新。

二、搭配要点

　　中国传统的民族风格服装主要采用绣花以及印花、蜡染、扎染等手工艺，其面料多选用棉麻材质。民族风格服装在细节和款式上能鲜明地体现民族特色，有时也会在服装上融入民族元素的图案。在色彩方面，用色非常大胆，通常采用蓝、青、红、紫等具有国风特色的颜色，为服装增添了一种复古的韵味。目前，流行的民族风格服装主要有经典唐装、旗袍以及改良版的民族服装等，见图3-7、图3-8。

图3-7 民族风格配色效果

（a）白色刺绣雪纺 　　　　　　（b）青蓝渐变 　　　　　　（c）棕褐色搭配白色

图3-8 民族风格服装色彩

左：白色刺绣雪纺连衣裙，在现代服装的基础上搭配中国传统古典花卉图案，整体设计简洁而不失层次，突出了民族风格的独特韵味。

中：在色彩审美上，民族风格与青、蓝等色彩所传达的稳定、宁静、内敛、含蓄恰好对应，形成精神上的共鸣，这种与众不同的含蓄之美，正是中华民族所珍视和推崇的。

右：棕褐色七分袖落肩上装搭配若隐若现的传统图案，显得沉稳而内敛，白色双层半身裙则轻盈而飘逸，既突出了层次感又展现了独特的对比美。

第五节 | 韩版风格

一、风格特征

　　韩版风格强调现代理念，摒弃单一色彩的堆砌，通过强化明暗对比来展示独特魅力。韩版风格的款式设计丰富多样，或端庄或前卫或低调或夸张。例如，省略口袋的长裤、不规则的裙摆，以及充满风情的褶皱花边等，都是韩版服装的典型特征。

二、搭配要点

　　韩式服装设计理念注重简约，摒弃复杂的视觉元素，利用面料的质感与色彩的对比来强化视觉效果，在款式方面变化多端，展现出个性化的独特风格。韩式服装主色调以纯白色、淡黄色、粉色、粉青色、湖蓝色、紫色为主，既营造一种清新、舒适的感觉，又不失时尚感，见图3-9、图3-10。

图3-9　韩版风格配色效果

（a）格子灰风衣　　　　　　（b）蓝色色块拼接　　　　（c）黑色背心裙搭配白色衬衫

图3-10　韩版风格服装色彩

左：韩版风格的服装设计非常注重色彩的组合与明暗的对比，以此来营造出服装的立体感和层次感，色调与材质都不会太过张扬。

中：不同层次的蓝色色块拼接，具有一定规律，上装色彩较浅，下装逐渐加深。

右：黑色背心裙与白色衬衫搭配，黑白两色相互衬托，利用穿着者的皮肤肉色来协调。

第六节 ｜ 欧美风格

一、风格特征

　　欧美风格的服装设计以轻松、简洁而著称，强调天然面料的使用。目前，这种风格也融入了一些日韩元素。欧美风格强调服装的硬挺与立体，并通过夸张的裁剪手法来增加时尚感。在配饰方面，高跟鞋、皮鞋、皮裤、铆钉、链条包、提花裤袜等元素都是欧美风格的常见选择。

二、搭配要点

　　欧美风格的服装设计展现出了中性化和休闲感，以及大胆和热情的色彩搭配。这种风格在色彩选择上倾向于实用主义，避免过多的装饰。色彩搭配以低明度、高饱和度或高明度、高饱和度为主，凸显出欧美设计的创新精神和国际化视野，见图3-11、图3-12。

图3-11 欧美风格配色效果

（a）蓝黑搭配　　　　　　（b）低明度、低纯度搭配　　　　　（c）高纯度蓝色对比

图3-12 欧美风格服装色彩

左：欧美风格中整套服装的内搭或外套均以短款为主，牛仔裤与黑色抹胸形成对比，通过肤色来使两者达到和谐统一的效果。

中：沉稳的色调之间仅通过降低色彩的纯度与明度，以此弱化色彩特征，从而能迎合大多数人的审美。腿部线条的优美修长被巧妙地展现出来，进一步提升了色彩搭配感和设计感。

右：如果感觉色彩较沉闷，可以选用高纯度蓝色来打破局面，高纯度蓝色可延伸至衣领与袖口，与裙子形成呼应。

第七节 | 学院风格

一、风格特征

　　学院风格是一种以整洁、得体为主要特征的着装风格，以清新校园风格为代表，其标志性的服饰包括刺绣胸章的西装、V领的针织衫及牛津纺衬衫等。这种风格追求的是内敛的知性美，同时保持低调却又不失品位的审美取向。

二、搭配要点

　　学院风格以学生校服为设计基础，主要采用百褶式膝裙、小西装外套等服饰。近年来流行的英伦学院风格以简洁、高贵为特点，多用格子图案作为点缀，主色调多为沉稳的纯黑、纯白、殷红、藏蓝等颜色，见图3-13、图3-14。

图3-13　学院风格配色效果

（a）深浅交替搭配 　　　　　　　　　　　（b）彩色格子与条纹搭配

图3-14　学院风格服装色彩

左：学院风格的服装设计灵感植根于传统的校服文化之中，经过巧妙改良形成独特的时尚款式。这种风格的服装通常以深蓝色和白色为主色调，显得简洁大方，不仅符合学术环境的庄重氛围，还能与现代流行的时尚元素完美结合。

右：通过新颖的服饰色彩搭配，格子图案与条纹图案的巧妙应用，能够反映出穿戴者的审美理念和设计巧思。

服装小贴士　学院风类型

　　（1）经典学院风格　强调服装的舒适性和功能性，并倾向于使用传统的颜色，如驼色、深蓝色和白色。

　　（2）英伦学院风格　源自英国著名的学府（如牛津和剑桥）中的学生着装风格，以简朴和高贵为主要特点。格子图案是其标志性元素，颜色多以黑色、白色、深红色和深蓝色为主。

　　（3）精致学院风格　注重体现时尚感，设计上融入流行的元素，如鲜艳的色彩、花哨的图案和精致的配饰等，使得学院风格焕发出新的活力。

　　（4）混搭学院风格　强调层次感，通过使用灰色调来降低服装的纯度，展现出低调、随意的气质。典型特征包括高腰裤、领带和围巾，带有红色或菱格图案的袜子以及赤脚穿皮鞋等。

第八节　中性风格

一、风格特征

　　中性装扮旨在模糊或超越传统的性别界限，不完全遵循男性或女性的典型着装规范。在现代社会，这种装扮方式越来越受到人们的欢迎，尤其是年轻人。中性风格服装吸收男性服装的简洁款式，同时也融入了女性服装的柔美，将阳刚和阴柔相结合。这种装扮方式为人们提供了更多的选择空间，让人们可以更加自由地展现自己的个性和审美。

二、搭配要点

　　中性色彩，如黑色、灰色、白色、金色和银色，能够给人一种沉稳、得体的感觉。中性风格展现出一种自信风采和独特魅力，无论男女皆可轻松驾驭，见图3-15、图3-16。

图3-15　中性风格配色效果

（a）深灰色主调　　　　　　　（b）全套深色　　　　　　（c）浅灰色风衣配深色打底衫

图3-16　中性风格服装色彩

左：在男性服饰中加入阴柔的风格元素，展现出硬朗帅气的同时，又能保留柔和华丽的一面。灰色调是中性风格中深受欢迎的配色。

中：全套深色男装配色，在色彩上已经无法区分传统的性别界限，通过尖头皮鞋与首饰为整体造型增添了一些精致与优雅。

右：浅灰色风衣与深色打底衫相搭配，通过简化风衣上的装饰细节，使得整体造型干净利落，并强调了色彩对比的严肃感。

第九节 ｜ 职场与通勤风格

一、职场风格

1. 风格特征

职场风格通常指上班族的着装风格。这一风格的典型特征是采用经过改良的西装款式，在时尚潮流中融入了成熟、稳重的职场气质。

2. 搭配要点

职场风格服装应避免过度鲜艳的色彩，将繁杂的色彩简化，从中提取出较为淡雅的颜色融入设计，以营造出稳重、专业、有品位的形象，见图3-17、图3-18。

图3-17　职场风格配色效果

（a）墨绿色主调　　　　　　　（b）灰与白搭配　　　　　　　（c）上白下黑

图3-18　职场风格服装色彩

左：墨绿色有成熟、倔强的意味，服装本身没有色彩对比，而与穿着者的肤色形成鲜明对比。

中：职场风格的服装款式种类繁多，整体配色通常采用不超过三种颜色的穿搭原则，其中灰色是成熟女性喜爱的色彩之一。

右：上白下黑是经典的职场风格配色，朴素无华，仅通过色彩本身来反映穿着者的职业气质。

二、通勤风格

1. 风格特征

通勤风格是为满足日常通勤需求而设计的服装风格，以简洁的设计，清新的色彩，优质的材料及精细的工艺为特点。其主要目标是通过穿着来塑造一种专业且不失轻松感的职场形象，既适合办公室的严谨氛围，也适合休闲社交的场合。

2. 搭配要点

黑色、白色和灰色是通勤装中的经典色彩，虽具有低调、稳重的特点，但在视觉体验上略显单调。为了打破这种色彩的沉闷，可以尝试选择一些带有彩色装饰或几何图案的单品，这样既能保持柔和优雅的感觉，又不会失去干练的气质，见图3-19、图3-20。

图3-19　通勤风格配色效果

（a）深蓝色搭配花纹　　　　（b）简洁的米黑搭配　　　　（c）棕黄色配白色

图3-20　通勤风格服装色彩

左：深蓝色搭配花纹图案的上装，通过透视效果，在成熟稳重中增添女性的妩媚，黑色包臀裙的紧凑设计，体现出干练的职业气息。

中：简洁的服装款式与色彩搭配是通勤风格的关键，为了避免过于繁多复杂的设计，可以运用黑、白、灰与高明度色彩点缀搭配，这是通勤风格服装配色方案的百搭选择。

右：棕黄色是无个性色彩，条纹浅肌理面料更显庄重，白色衬衫与深棕色包搭配形成良好的明度对比。

第十节　嘻哈风格

一、风格特征

　　嘻哈风格也称为年轻街头风格，是将音乐、舞蹈、涂鸦等多元艺术元素与服装设计相融合的年轻化风格。该风格的服装特征在于其超大尺码的设计，保持宽松感的同时并不显得邋遢，而是体现出随性而不失格调的视觉效果。

二、搭配要点

　　嘻哈风格色调古旧，但配色大胆，主要体现在个性十足的服饰与发饰，有一种怀旧与独特的韵味。常见的元素有涂鸦、夸张图案或文字、丰富的色块、粗大金属链等，来提升服饰的整体色调。从细节上看，大多采用繁复的印花口袋设计、细致且丰富的缝合线、粗糙的收口处理等，彰显出独特的风格主题，见图3-21、图3-22。

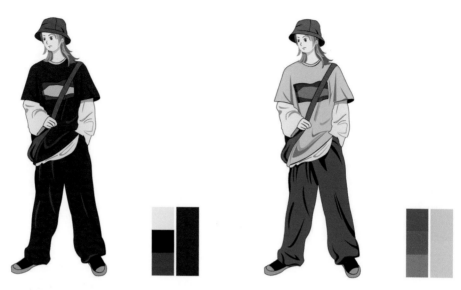

图3-21　嘻哈风格配色效果

（a）多色混搭　　　　　（b）豹纹与数字搭配　　　　　（c）荧光绿色与黑色搭配

图3-22　嘻哈风格服装色彩

左：嘻哈风格的服装用色大胆张扬，色彩搭配丰富，尤其采用撞色搭配和混色搭配，也可由多种元素混合搭配。

中：将豹纹与数字这两种元素组合在一起，令人感到扑朔迷离，毫无厘头。此外，还选用金色休闲鞋作为衬托，再次强化了嘻哈风格的张扬与不羁。

右：荧光绿色原本多用于户外工作制服，搭配黑色休闲围巾，形成鲜明对比，并在服装表面印制LOGO（即标志）等视觉元素，凸显出嘻哈风格的个性与品牌文化。

第十一节 | 田园风格

一、风格特征

　　田园风格强调对原始和朴实的自然景观的向往与还原。这种风格摒弃了传统艺术创作和审美观念，转而从树木、花朵、蓝天和大海等自然元素中获取设计灵感，营造一种回归田园的清新氛围和纯净自然的朴素韵味。

二、搭配要点

　　田园风格通常使用明亮的色彩和朴素的纹理来展现其轻松自然的艺术风格，在设计中常运用小方格、条纹、碎花和蕾丝等元素。这种风格以自然随意为特点，通过色彩和纹理的搭配，营造出一种超凡脱俗、恬淡轻松的氛围，见图3-23、图3-24。

图3-23　田园风格配色效果

（a）浅粉色搭配花纹　　　　　（b）粉红色搭配碎花　　　　　（c）肤色搭配小花纹

图3-24　田园风格服装色彩

左：带有田园风格的服装崇尚自然与舒适，色彩朴素自然，给人们以悠闲浪漫的心理感受。这种宽松的服装具有较强的活动机能，适合郊游、散步和各种轻松活动时穿着。

中：稍显紧凑的田园风格设计通过细纹格子与碎花图案来表现，粉红色是永恒的配色主题。

右：与肤色相搭配的小花纹无袖长裙为上浅下深的色彩搭配方式，休闲自由的同时，不失为一种优雅的着装选择。

第十二节　波希米亚风格

一、风格特征

波希米亚（又译波西米亚）风格，源自于游牧民族的生活理念和美学追求，其特征是自由、放荡不羁的，蕴含着叛逆而浪漫的情感。在服装设计上，波希米亚风格应用流苏、褶皱等元素，以大摆裙为标志性特征，营造出自由洒脱、热情奔放的视觉效果。波希米亚风格常与浪漫、民俗、自由等概念联系在一起，与传统元素相结合，成为一种时尚潮流。

二、搭配要点

波希米亚风格的服装特色在于其独特的色彩运用和手工装饰。这种风格通常采用如暗灰、深蓝、黑色、大红、橘红、玫瑰红等作为基色，通过撞色效果营造出强烈的视觉冲击力。此外，波希米亚风格还善于运用多种经典元素，包括层叠的蕾丝花边、大朵印花图案、皮质流苏、手工细绳结、刺绣和珠串等，构成波希米亚风格独特的视觉体验，见图3-25、图3-26。

图3-25 波希米亚风格配色效果

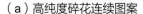

（a）高纯度碎花连续图案　　　　　　（b）分区图案　　　（c）粉红色搭配文字

图3-26 波希米亚风格服装色彩

左：波希米亚风格的服装具有浓烈的色彩、繁复的条纹设计，带给人强劲的视觉冲击和神秘气氛。

中：波希米亚风格对色彩设计并没有严格的限定，但是要精准地确定出色彩的基调，棕色与黄色相间搭配具有金色的奢华感。

右：粉红色长裙上印有多种颜色的文字，显得自由轻松。但是，搭配的金色腰带瞬间将人们的目光集中起来，形成整体造型的焦点。

服装小贴士　金色和银色

　　金色和银色在视觉上呈现出独特的金属光泽的表面效果。在四色印刷中，金色和银色通常通过CMYK模式进行模拟，允许色彩的自由变化。在服装色彩搭配方面，金色常与咖啡色、白色、杏黄色及驼色搭配，形成和谐与统一的视觉效果。而银色则更适合与黑色、灰色和蓝色等颜色搭配，能够营造出一种沉稳、平和且纯朴的氛围。

第十三节 ｜ 森林系风格

一、风格特征

　　森林系风格追求自然之美，以及对时下流行潮流的态度。服装多采用棉质面料制成，穿着舒适，能够带来一种亲近自然、返璞归真的感觉。森林系风格常搭配飘逸的发型和平底圆头鞋，体现简单而真实的生活方式，让人联想到森林的清新与宁静。

二、搭配要点

　　森林风格的服装通常采用大地色和暖色调，搭配自然、简约的妆容，以及清新的色彩和具有民族特色的服饰设计，营造出一种清新脱俗、温柔与舒适的视觉效果，见图3-27、图3-28。

图3-27　森林系风格配色效果

（a）浅灰白色　　　　　　（b）白色半透网孔蕾丝　　　　　（c）毛织配雪纺

图3-28　森林系风格服装色彩

左：森林系搭配提倡的是清新、自然、舒适，搭配以白色系为主，色彩饱和度低，服装多采用天然材质的宽松棉麻布料。

中：白色半透网孔蕾丝面料需要通过深褐色靴子与黑色背包来衬托，米色宽檐帽能提升整体的层次感，并与深褐色靴子相呼应。

右：虽然两种层次的浅灰色在视觉上难以区分，但是质地却截然不同。毛织背心的质感能有效平衡半透雪纺面料的蓬松感。

本章小结

　　本章着重讲解各类服装的形象特征和风格特点，每种风格都有其特征，这些特征不仅彰显于服装本身，还体现在穿着者的整体形象上。理解这些特征对于我们在日常生活中选择合适的服装和搭配具有重要的指导意义。通过学习本章，读者可以更深入地理解服装风格的多样性，并能够根据不同场合和需求选择合适的服装，有助于更好地表达自我，展现个性，同时也能更好地适应社会和文化环境。

第四章

服装类型与场合色彩
的应用

识读难度：★ ★ ★ ★ ☆

重点概念：服装类型、场合应用、性别、年龄搭配

章节导读：在时尚界，服装的多样性体现在其形态、用途、
制作工艺以及所用材料等多个方面，这些因素共
同作用，形成了各具特色的服装风格。根据性别
和年龄，通常将服装分为男装、女装和童装等三
大类。在不同的社交场合和环境背景下，合适的
服装色彩搭配能够传达出特定情感，从而反映出
个人或社会的文化氛围和生活情趣。

第一节 | 服装类型色彩

一、男装

男装是指男性穿着的服装制品，主要包括上衣、下装。依据不同季节、个人喜好以及场合需求，男装可以展现多样的时尚设计；按风格则大致分为休闲与正式两大类，有明暗两种色彩基调。休闲服饰强调个性化、设计简洁且便于活动，适合休闲活动场合穿着。相比之下，正式服饰（正装），尤其是西装，通常以深色系为主色调，搭配浅色衬衫，能够展现男性的成熟与风度，见图4-1、图4-2。

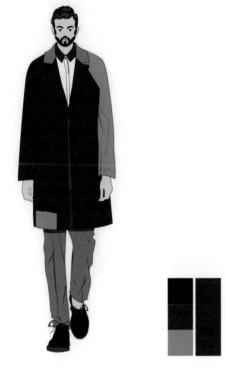

图4-1　男装配色效果

（a）深色图案

（b）蓝色与酒红色搭配

（c）黑色与米色搭配

（d）蓝色休闲牛仔装配白色长裤

（e）黄黑条纹配黑色

（f）黑色配白色镶边

图4-2　男装配色应用

图4-2（a）：用深色表达的男装更具有深沉内敛的成熟气质，服装相近色彩的搭配避免了视觉上的冲突，给人以舒适的融合感，营造出丰富的层次感。

图4-2（b）：深蓝色西服套装作为男装中的经典百搭正装，多搭配酒红色或大红色领带。

图4-2（c）：黑色休闲西服搭配浅黄色衬衣，适合日常办公场合。

图4-2（d）：蓝色休闲牛仔装搭配蓝色球衣、白色长裤，形成了较弱的色彩对比。

图4-2（e）：用明快的黄黑条纹球衣搭配黑色紧身裤，适宜多种休闲、运动需要，具有明显的功能作用，展现出穿着者强烈的个性。

图4-2（f）：黑色宽松休闲运动装，点缀白色镶边与醒目的红色文字。

二、女装

　　女装是指女性穿着的服装制品，展示出丰富多样和不断变化的特性，从款式到色彩，再到图案和装饰，设计师们不断探索新的设计元素和组合。女装的色彩搭配尤为丰富多彩，其设计周期较短，能够快速反映并满足当前社会的流行趋势，同时也易于为大众所接受。女装的流行趋势，不仅能够增强女性自身的魅力，还能够为日常着装带来更多乐趣，从而进一步促进服装市场的多样化和可持续发展，见图4-3、图4-4。

图4-3　女装配色效果

（a）大花纹图案　　　　　　（b）蓝色横向条纹　　　　　　（c）黄色与蓝色和谐搭配

图4-4

（d）粉色与银色搭配　　　　（e）白色底裙与花色纹理搭配　　　　（f）黑色边框图案

图4-4　女装配色应用

图4-4（a）：色彩本身对服装具有装饰作用，通过将优美图案与和谐色彩的有机结合，能在同样结构的服装中，赋予不同的装饰效果。

图4-4（b）：横向条纹有稳定视觉的作用，让人产生平静的心理效应，蓝色与黑色、白色相搭配，形成有规律的层次感。

图4-4（c）：黄色与蓝色搭配原本比较突兀，但通过降低这两种颜色的纯度并提升明度，再选配多种蓝色相互穿插，形成柔和的视觉效果。

图4-4（d）：粉色与银色搭配，使粉色上衣不再沉闷，银色长裤上竖向褶皱条纹增强了裤子的反射质地。

图4-4（e）：白色底裙与吉普赛花色纹理搭配，能衬托出花色纹理的精致感。

图4-4（f）：黑色边框形成的体块状造型，适合填充各种图案，使整体装饰感特别强。

三、童装

　　童装是指专为儿童设计制作的服装，随着儿童成长阶段的不同，其生理和心理特性各有区别，服装的色彩搭配也会有所调整。婴儿期，宝宝的大部分时间都在睡眠中度过，其眼睛对于色彩的适应能力较弱，因此对童装色彩的选择应避免过于鲜艳和刺激的色调，更宜采用明度适中、彩度适中的浅色调，如白色、浅红色、浅柠檬色、嫩黄色、浅蓝色等。幼童期，孩子们变得活泼好动，服装色彩则可以选用明度适中且鲜艳明快的耐脏色调，如三原色可以给人以明朗、醒目和轻松的感觉。此外，通过色块拼接和间隔的设计手法，可以创造出活泼可爱、色彩丰富的视觉效果，见图4-5、图4-6。

图4-5　童装配色效果

（a）弱粉色搭配　　　　　　　　　　　　　（b）黄色与蓝色搭配

图4-6　童装配色应用

左：随着年龄的增长，童装的色彩从浅色调逐渐过渡到鲜艳的、耐脏的色调，服装风格要尽可能凸显孩子天真纯洁的特性，重要的是舒适度。

右：中黄色外套搭配蓝色衬衣，这类高纯度色彩对比能吸引儿童对色彩的兴趣。

第二节　不同场合的服装配色应用

一、运动、休闲装

　　运动装专为满足体育活动和户外运动的需要而设计，如今已广泛应用于日常生活中。在设计上，运动装注重舒适性与活动便利性，裁剪宽松，面料多采用吸湿排汗、透气性强的材质，以适应运动时身体的需求。色彩方面，运动装多采用明亮或中性色调，这样的色彩选择不仅符合运动时需要的活力四射的氛围，而且能给人带来积极的视觉感受。

　　休闲装也称为便装，风格自在、随性，不拘泥于规范的束缚，更加注重穿着者的舒适感。休闲装的材质多样，设计上追求自由和无拘无束，为人们提供了在非正式场合中表现自我风格的途径，见图4-7、图4-8。

图4-7　运动、休闲装配色效果

（a）深色搭配浅色文字装饰　　　（b）中深色搭配白色网球袜　　　（c）灰色、黑色与紫色搭配

图4-8

（d）低纯度粉红色主调　　　（e）黑白文字图案搭配蓝色T恤　　　（f）宽松米色搭配黑皮鞋

图4-8　运动、休闲装配色应用

图4-8（a）：运动类休闲装，通常设计新颖、造型简洁，色彩搭配极具个性，通过大块色彩与文字来体现独特风格。

图4-8（b）：略带休闲的各色T恤搭配牛仔短裤与白色网球袜，体现出年轻时尚感，适用于日常出行和运动场合。

图4-8（c）：轻便宽松的运动装，展现出一种绅士般的悠闲生活情趣，服装色彩拼接形式轻松、有趣。

图4-8（d）：针织休闲装也是人们日常生活必不可少的便装，其针线工艺的特点决定了其柔软、轻松的休闲性质。针织休闲装的色彩纯度通常较低，需要搭配明度或纯度较高的服装。

图4-8（e）：黑白文字图案外套搭配蓝色运动T恤，长裤上深蓝色与橙色体块拼接形成鲜艳的对比，属于百搭裤装。

图4-8（f）：宽松的米色针织衫搭配米色宽摆裙，柔和的米色系搭配，营造出轻松无压力的日常氛围。

二、学生装

学生装又称为校服，作为学校文化的重要组成部分，其设计通常包括校徽或特定文字，来直接展示学校的形象，同时体现了对学生礼仪文化教育的重视。它旨在培养学生的社会规范性，并展现学生充满活力的精神面貌，是校园生活的一种独特标志。

在不同季节和地域，校服的风格和色彩各异，一般以蓝色、黑色和红色为主。在夏季，校服通常是短袖衬衫，男生通常会配以长裤，而女生则往往穿着裙子。在秋冬季节，校服外套内可以搭配毛衣等以增加保暖效果，见图4-9、图4-10。

图4-9 学生装配色效果

（a）红蓝白灰搭配　　　　　　　　　　　（b）深蓝色与深米色搭配

图4-10 学生装配色应用

左：我国小学生、中学生的校服通常以蓝色或红色为主色调，辅以白色和灰色，形成鲜明的对比。这种设计旨在满足学生在校园、社区和家庭生活中的不同场合需求，同时考虑到四季变化，并致力于减少学生之间的攀比风气。近年来，学校校服的色彩和款式开始呈现多样化，以更好地满足学生的审美需求和时代要求。

右：在西方国家，学生的校服通常包括水手服、制服或西装等不同款式，这些服装的设计受到西方传统文化的影响，展现了多样的风格。在色彩的选择上，校服通常采用黑色、深蓝色、深灰色等深色调与浅色调进行搭配，使得整体视觉效果较具特色和个性。

三、职业装

　　职业装是指工作场合需要穿着的制服和工作服。这些服装在色彩的搭配上不仅需要考虑职业本身的特性、工作环境以及穿着者的身份和地位，还应展现出实用性、庄重性和美观性。

1. 制服

在现代社会中，制服被广泛应用于各种机构组织中，起初用于民航、铁路、医院等行业，其目的是便于区分不同岗位的工作人员。后来，制服的应用范围逐渐扩展到服务业，例如宾馆和餐馆等。制服的设计需要体现职业的特点，通过醒目的色彩和明显的标志来形成独特的视觉形象，便于识别。此外，制服还具有一定的象征意义，代表着所属机构和组织的对外形象，对于提升工作效率和形象具有重要作用，见图4-11、图4-12。

图4-11　职业装制服配色效果

（a）民族图案与灰色搭配

（b）黑色西装与粉色衬衣搭配

图4-12　职业装制服配色应用

左：带有民族风格的制服，巧妙地融合了民族图案色彩与灰色调，形成弱对比，强调灰色外套平整的质感。

右：黑色西装制服是行业的百搭配色，与内部浅色衬衣形成鲜明的色彩对比。

2. 工作服

工作服主要用于生产劳动，核心目的是保护身体，具有确保安全与卫生的功能。在设计上，工作服的造型、面料和配色会根据不同的劳动环境进行相应调整，以满足其实际功能需求。例如，建筑工人会穿橙色或灰色的衣服，以提高能见度；而医务人员则选用白色或蓝色的衣服，彰显医疗环境的整洁与卫生，见图4-13、图4-14。

图4-13　职业装工作服配色效果

（a）多种层次深灰色　　　　　　　（b）或深或浅，能衬托文字

图4-14　职业装工作服配色应用

左：职业装具有一定的局限性，职业装的色彩以中性色为主，黑色与灰色属于大多数行业都能接受的百搭色彩，对比柔和，过渡自然。

右：特殊行业的工作服不拘于色彩设计，如赛车手的外套在色彩设计上不受传统束缚，更多地追求个性化和辨识度。

四、约会装

约会装是指约会时穿着的服装，关乎个人形象，更是对约会对象的尊重。恰当的服装色彩选择能为约会增添浪漫氛围，同时也能够彰显穿着者的独特品位和气质。在选择约会服装时，考虑约会对象的偏好及聚会场合是非常必要的。

粉红色和淡紫色这两种色调被普遍认为是女性在约会中传达爱意的色彩。这些色彩能够烘托出浪漫氛围，可以有效地展现出女性的温柔、雅致以及楚楚动人的魅力。

对于男性而言，深蓝、暖灰等保守、稳重的色彩更加适合。建议选择反差较小的色彩组合，例如深灰与蓝、黑白配色等，这样可以塑造出成熟稳重的形象，给人留下深刻的印象，见图4-15、图4-16。

图4-15　约会装配色效果

（a）粉色连衣裙搭配蕾丝　　　　（b）飘逸的浅紫色连衣裙　　　（c）低纯度玫红色搭配白色衬衣

（d）沉稳的棕色搭配　　　　　　（e）上白下黑　　　　　　　　（f）内白外黑

图4-16　约会装配色应用

图4-16（a）：明亮艳丽的色彩，使人显得清新亮丽；粉色连衣裙搭配蕾丝花饰，展现出和蔼可亲的性格特征。

图4-16（b）：浅紫色连衣裙面料轻薄挺括，使穿着者显得端庄、稳重。

图4-16（c）：低纯度玫红色表现出恬静的居家风，透露出贤淑内敛的气质。

图4-16（d）：深沉的棕色系列搭配会使人显得稳重、大方，自在却沉稳。

图4-16（e）：黑白搭配虽然具有百搭效应，但是要突出个性需要一些巧妙的设计，可以在长裤的条纹上展开设计，深灰色条纹搭配黑色底色的裤子具有稳重感。

图4-16（f）：黑色风衣搭配米色点缀色，端庄典雅中不乏活力。

五、婚纱、礼服装

　　婚纱是西式传统婚礼服饰，通常以白色或与之相近的色调为主流，如米色和香槟色。随着时尚界的发展，现代婚纱在保留其核心特征的同时，也展现出了多样化的设计风格，以满足个性化的定制需求。

　　与此同时，礼服作为更为正式的着装选择，适用于诸如晚间宴会、正式聚会及日间社交活动等场合。礼服的色彩选择更为广泛，包括金橘色、暖玫瑰色、紫罗兰色、红色以及宝石绿色等明亮且富丽堂皇的色调。设计师们常在浅色调的礼服上添加亮片装饰，以营造一种轻盈高雅的外观效果，见图4-17、图4-18。

图4-17　婚纱、礼服装配色效果

（a）蕾丝质地　　　　　　（b）喜庆全红　（c）中性粉点缀金属亮片

图4-18　婚纱、礼服装配色应用

左：婚纱风格各异，根据婚礼主题不同，着装风格也会有所差别，白色婚纱搭配蕾丝纹理装饰具有高贵典雅、富丽堂皇的视觉效果。

中：全红色礼服适用于喜庆、欢迎或具有庆典性质的活动。

右：中性粉灰色礼服适用于各种场合的婚庆、礼仪活动，亮片金属点缀是提升视觉效果的关键。

第三节 | 不同场合的服装色彩搭配应用

　　色彩作为一种隐性的交流语言，在社交活动中有着极其重要且微妙的影响。色彩能够影响他人对穿着者的第一印象，初步判断其性格特征与审美品位。因此，恰当地运用色彩，选择与之相宜的色彩组合，对于塑造个人形象、展现个人魅力至关重要，见表4-1、表4-2。

表4-1　不同场合的男装色彩搭配

类别	适用场合	搭配原则	搭配方式	图例
商务西装	商务会见、出访、谈判、演讲等正式场合	西装、衬衫、领带具有对比或渐变效果	西装：浅暖灰、棕灰色等 衬衫：浅色或柔和的颜色，如象牙色、浅灰色等 领带：表现沉稳的颜色，如深蓝色、黑色等	
休闲西装	商务旅行、非正式的私人聚会、娱乐活动等休闲场合	休闲西装、衬衫、休闲长裤具有一定的对比或渐变搭配效果	西装：中浅、略鲜艳的颜色，如象牙色、暖米色、绿玉色等 衬衫：鲜艳的颜色，如奶黄色、清水绿、浅水蓝等	
大衣	秋冬季节各类重要商务活动、访问客户等正式场合	大衣与围巾搭配	大衣：保守、稳重的颜色，与西装套装颜色反差较小 围巾：色彩起点缀作用，但不过分跳跃	
运动装	春夏季节的休闲、运动场合，如旅游、登山、各种球类活动等	休闲短裤与衬衫搭配；衬衫与圆领T恤对比搭配	夹克：具有活力和运动感的颜色，如绿色、藏蓝色等； 短裤：与上装配套的色彩，强化运动的整体感	

类别	适用场合	搭配原则	搭配方式	图例
休闲装	春夏季节的休闲、运动场合，如购物、旅行等	休闲T恤、休闲长裤对比搭配	T恤：浅淡或鲜艳的颜色，如橘红色、清水绿等；长裤：浅淡或略稳重的颜色，如象牙白、浅暖灰等	

表4-2　不同场合的女装色彩搭配

类别	适用场合	搭配原则	搭配方式	图例
职业西装	商务会见、出访、谈判、演讲等正式场合	西装、衬衫与下装对比或渐变搭配	西装以黑色、藏青色、灰褐色、灰色、暗红色等为主，可以体现着装者端庄与稳重；衬衫适合浅色或柔和色彩，如象牙色、浅蓝色等	
休闲装	郊游、朋友聚会等日常外出场合	休闲上、下装遵循对比搭配原则	女士休闲装轻便、舒适，色彩明朗、活泼；高度鲜艳的色泽，能与大自然景色相适宜，可根据季节搭配色彩，给人以清爽、亲切的感受	
运动装	运动场合	运动套装对比搭配	运动服装色彩有白色、红色、黄色、黑色等；能将多种色彩融合在一起，对比醒目，能够给人力量感，让人在运动中保持激情和愉悦	
家居服	居家场合	家居服适合渐变搭配	家居服温馨、时尚、轻松，以成套的深色、自然色为主	

续表

类别	适用场合	搭配原则	搭配方式	图例
晚礼服	晚间举行的正式活动	晚礼服适合渐变搭配	晚礼服是更正式的礼服，大多为长裙，色彩丰富，多用金色、紫色、红色等明亮华丽的颜色；选用亮片装饰，展现华丽、高雅的视觉效果	
旗袍	出席正式宴会场合	旗袍装适合渐变和对比搭配	旗袍五彩缤纷，如大红色、中绿色、中黄色、蓝灰色、咖啡色、黑色等，根据年龄选择相应的色彩	

本章小结

在大众社交场合中，服装作为视觉交流的核心元素，扮演着至关重要的角色。本章详细阐述了服装的多样化类型，深入探讨其在各种场合中的实际应用，介绍恰当的色彩搭配方法，指导读者根据不同场合选取恰当的配色方案，并通过合适的风格来协调色彩，使得服装在现代社交活动中发挥不可替代的关键作用。

第五章

服装配色印象定位

识读难度：★★★★☆

重点概念：风格、肤色、形体、季节

章节导读：色彩决定人们对服装的第一印象，对服装的审美价值产生深远影响。选择服装时，色彩的运用成为评价标准中至关重要的一环。因此，为了使服装与周围环境协调一致，有必要深入理解色彩的搭配原则，并将这些原则与市场主流趋势以及色彩的流行趋势相结合。同时，将服装色彩与艺术美学相融合，能进一步提升服装的整体美感，满足消费者的个性化需求。

第一节 | 个人风格色彩

在确定个人风格时，需要综合考量多个方面的因素，包括个人的面相、骨骼形体、内在性格以及行为举止等。身材的类型是重要的参考依据之一，具有平肩和扁腰特征的身材属于直线型，而溜肩和圆腰则属于曲线型。

应根据自身形体情况，来选择恰当的服饰风格。针对直线型的身材，可以选择的风格有少年型、时尚型、古典型、自然型和戏剧型五种。而曲线型的身材，适合的风格则包括少女型、优雅型和浪漫型三种。

一、少年型风格

少年型风格倾向于打造一种简洁而充满活力的整体造型。这种风格在服饰设计上倾向于直线设计，而非曲线或复杂装饰。少年型风格偏爱中强度对比的色彩搭配和较为沉稳的色调，避免过于繁复的荷叶边和大花朵等元素装饰，营造一种清爽、简洁的视觉感受，同时也体现活泼、年轻的个人气质，见图5-1。

（a）灰色短装搭配金边短裤　　（b）浅蓝色小西装搭配蓝色牛仔裤　　（c）黑色镂花短旗袍

图5-1

（d）驼色毛料搭配碎花V领　　（e）棕黄色皮外套　　　　（f）黑色与深蓝色搭配
　　　　　　　　　　　　　　　搭配绿色打底衫

图5-1　少年型风格色彩

图5-1（a）：灰色毛呢短装外套镶嵌有白色绞纹花边，搭配白色中短A字裤裙，通过中度色彩对比展现了清新与活力；裤裙金色宽边的镶嵌，提升了整体的视觉亮点。

图5-1（b）：浅蓝色小西装是蓝色牛仔裤的过渡，而白色打底衫才是过渡的终点，它们共同形成和谐的色彩对比。这类蓝色对比与过渡相融合的配色，符合少年型风格对成熟感的追求。

图5-1（c）：黑色镂花短旗袍，将黑色与肤色形成对比，着装透露出青春洋溢的气质。

图5-1（d）：驼色毛料露肩V领外套与碎花衬衣形成对比，是沉闷与鲜活的完美碰撞，展现了少年型配色对个性的张扬。

图5-1（e）：少年型风格身材与面部的线条比较硬朗、平直，给人干净、利落的感觉，与中性化风格的打扮相得益彰；棕黄色皮外套整体设计简洁、时尚。

图5-1（f）：黑色与深蓝色搭配最终是为了衬托出白皙的皮肤，为少年型风格带来一种强烈而细腻的视觉对比。

二、时尚型风格

　　时尚型风格又称前卫型风格，以色彩搭配灵活多变、反传统的设计理念为特点。这种风格注重体现服装整体造型感和层次感，色彩搭配以纯色和对比色为主。服装款式新颖、独特，带给人标新立异的视觉感受，能够塑造出多种不同的个性，让穿着者走在潮流前沿，见图5-2。

（a）透光面料与　　　　　（b）银白色星空点缀黑色　　　（c）深色搭配金属装饰
非透光面料搭配

（d）白色蕾丝连衣裙　　　（e）粉红色鱼鳞状肌理　　（f）毛绒皮草搭配宽孔网点袜
搭配金色手包

图5-2　时尚型风格色彩

图5-2（a）：时尚型配色具有设计感、造型感、艺术感，通过对大量图案、纹理进行镂空处理，将透光面料与非透光面料相结合，映射出朦胧神秘的艺术效果。

图5-2（b）：银白色星空状点缀在黑色面料上，以腰部为中心向上、下渐变扩散，形成了鲜明的明度对比；搭配半透网纱长裙，表现腿部的曲线美。

图5-2（c）：黑色和暗红色看似低调，但是与丰富的金属装饰相结合，通过镂空造型和紧身束腰的设计，表现出一种古典与现代交织的时尚风格。

图5-2（d）：白色镂空露肩蕾丝连衣裙，搭配哑光金色手包与高跟鞋，形成华丽、高贵的时尚造型。

图5-2（e）：人鱼装是永恒的时尚造型设计元素，增加金属与皱褶元素表现出复杂的鱼鳞状肌理，凸显出时尚前卫的色彩性格。

图5-2（f）：毛绒皮草是流行的时尚元素服饰，搭配宽孔网点袜，形成上、下装强烈对比，展现了穿着者对时尚品位的独特理解和追求，打破了过于端庄保守的印象。

三、古典型风格

　　古典型风格强调庄严、知性、成熟、高雅的气质特征，倾向于传达一种理性的价值观，并展现出一种稳定的性格特点。在这种风格下的服装设计往往相对较为局限，通常以套装搭配为主，对细节严格把控。如图案的排列整齐，图案的大小恰到好处，设计元素往往能经受住时间的考验。古典型服装通常选择较为沉稳的色彩，如黑色、白色、灰色、青色和蓝色等。例如，香奈儿品牌的经典套装，以及中国传统服饰中的旗袍，都是这种风格的典型代表，见图5-3。

（a）灰色网格　　　　　　　（b）白底黑色文字装饰　　　　　　（c）黑底白色网格

图5-3

（d）花纹图案搭配古典长裙　　　　（e）传统花纹图案　　　　　（f）绿色花草图案
　　　　　　　　　　　　　　　　　　　搭配中式旗袍　　　　　　　　搭配中式旗袍

图5-3　古典型风格色彩

图5-3（a）：古典型服装款式多以直线裁剪为主，色彩选择柔和淡雅的灰色调，并通过不同层次与灰色形成对比，可根据当季流行加入适当的时尚元素。

图5-3（b）：古典元素主要体现在白色短装镶嵌的黑边，以及黑色褶皱短裤的搭配，卫衣中透出粉色图形，形成少许的时尚感。

图5-3（c）：黑底搭配白色网格的经典组合，是古典型风格永恒的搭配形式。

图5-3（d）：将花纹图案与西式古典长裙相结合，也是对古典风格的诠释。

图5-3（e）：传统花纹图案与中式旗袍结合，灰蓝色与红色形成强烈对比。

图5-3（f）：绿色花草图案是中式古典服装的主流配色之一，设计元素源于青花瓷的灵感，表现出清新淡雅的视觉效果。

四、自然型风格

　　自然型风格服装强调自然、舒适，不刻意追求装饰，具有自在、随意、平和、不造作的特征。自然型风格的优势在于能够轻松地穿出休闲装的潇洒风范，一条齐腰的连衣裙就能很好地展现这一风格。

　　自然型风格服装的裁剪和轮廓符合简洁、宽松的特点，设计元素主要源于自然界，如树木、花卉、山脉等图案，见图5-4。

（a）棕色山脉造型

（b）粉色搭配白色

（c）褐色皮草搭配红色长裙

（d）墨绿色、棕色、米黄色
　　图案的搭配

（e）黑色外套搭配花卉连衣裙

（f）紫色与红色图案搭配

图5-4　自然型风格色彩

图5-4（a）：将山脉的造型作为图案色块融入服装之中，形成稳重的自然气息。

图5-4（b）：自然型风格服装随意大方，服装款式不追求规整，肩位设计宽松，自然垂落在肩膀下缘。粉色表现出盛开的花卉，搭配白色袖子形成一定的对比。

图5-4（c）：褐色皮草与红色长裙搭配，在色彩上同属于暖色系，在色相、明度、纯度和肌理多个方面形成对比。

图5-4（d）：自然图案搭配具有皱褶的面料，展现了自然型风格色彩的独特魅力，墨绿色、棕色、米黄色三者相结合也形成一定的渐变过渡效果。

图5-4（e）：黑色双面呢外套与全花卉真丝连衣裙形成了强烈的视觉对比，将掩藏的自然气息有保留地展示出来。

图5-4（f）：自然风格的表现来自图案内容，将动物、植物图案以单色印染的形式附着在服装面料上，紫色与红色形成一定的色相对比。

五、戏剧型风格

戏剧型风格具有华丽、醒目、张扬的特征，能够迅速吸引他人的注意。服装风格多样，不受任何限制，追求独特的魅力和个性。在设计造型时，追求细节的丰富性，常运用大开领、宽松袖、阔腿裤、夸张的花边和皱褶等元素。

戏剧型风格采用强烈的对比和鲜明的色彩搭配，运用几何图形、宽条纹、大格子、大花朵、大色块等图案来增强服装的视觉效果，传达出穿戴者的个性和自信，同时也能够吸引他人的目光，成为众人瞩目的焦点，见图5-5。

（a）蓝色与金色图案搭配　　（b）红色与金色图案搭配　　（c）蓝色皮草与米色搭配

（d）弱荧光红色搭配白纱　　（e）米色披肩配金色图案　　（f）红色外套搭配格子裙装

图5-5　戏剧型风格色彩

图5-5（a）：大气、华美是戏剧型风格重要的特征，色彩醒目、强烈。服装材质选择灵活，款式上避免过于怪异，蓝色面料搭配金色图案具有强烈的装饰感。

图5-5（b）：红色面料搭配局部金色图案，融入中国传统戏剧中的服饰元素，具有复古效果。

图5-5（c）：上衣中蓝色皮草宽领与米色丝绸质感面料形成强烈对比，同时又与青花裙装形成色彩呼应。

图5-5（d）：弱荧光前开衩长裙是戏剧型风格的典型代表，与白纱长裙在肌理上形成强烈对比。

图5-5（e）：米色古典披肩搭配对称金色纹理图案，形成华丽的戏剧造型效果。

图5-5（f）：四方连续图案的裙装与长靴相结合，具有魔幻化戏剧造型，给人扑朔迷离的视觉效果，通过暗红色西装与玫红色衬衫打底来稳定视觉中心。

六、少女型风格

少女型风格服装注重流畅曲线，展现出一种天真烂漫又不失精致的整体效果。这种风格的典型特征包括精细的蕾丝边饰、小巧的圆点和花朵图案等装饰元素，衣物的领口、袖口、口袋等细节部分常采用曲线设计，营造出一种柔和的美感。面料方面，多选用如细棉布、丝绸、羊绒或细羊毛等较为细腻的材质，确保整体的轻盈和舒适感，见图5-6。

（a）浅淡粉色蕾丝长裙　（b）粉红色轻薄碎花长裙　（c）灰色连衣裙搭配碎花

（d）白色薄纱衬衣　　　（e）粉蓝色整体穿搭　　　（f）黑白格子上衣
搭配黑色连体裤　　　　搭配花卉图案　　　　　搭配红色一步裙

图5-6　少女型风格色彩

图5-6（a）：少女型衣着要求浪漫、精致，展现纯真可爱的气质，给人岁月静好的感觉，服装色彩通常以浅淡色调为主。

图5-6（b）：粉红色轻薄面料搭配朱红色点缀，表现出少女的柔弱、粉嫩。

图5-6（c）：轻薄的灰色半透面料显得较为严肃，但是横向分层的蕾丝花边瞬间打造出少女的浪漫气息。

图5-6（d）：白色薄纱面料透出肤色，与腿部肤色形成呼应；黑色连体裤的加入，增添了层次感。

图5-6（e）：粉蓝色搭配花卉图案，显得轻松、自在，而这种少女型配色则需要搭配时尚、前卫的服装款式以更好地衬托。

图5-6（f）：黑白格子的灯笼袖高领衬衣，搭配红色包臀一步裙，展现出紧凑、严肃又不失青春活力的风格。

七、优雅型风格

优雅型风格多采用裙装来凸显穿着者的整体气质，裙型大多包身收口(旗袍裙型)，给人大方、成熟的整体感觉；色彩运用广泛而灵活，可以营造出各种各样的氛围。面料的选择上以柔软细腻为主，应避免使用卡其布、粗麻、粗灯芯绒等粗糙刚硬的面料，见图5-7。

（a）黑色搭配白点　　　（b）白色搭配金色图案　　　（c）柔和的米色

（d）粉色碎花　　　（e）白色套装搭配　　　（f）褐色图案搭配
　　　　　　　　　　　　流苏　　　　　　　　鹅黄色包臀裙

图5-7　优雅型风格色彩

图5-7（a）：优雅风格套装的线条要尽量柔美，合体的收腰设计使得即使稍稍圆润的身材也能显得苗条而优雅。

图5-7（b）：规则排列的图案与束腰装的结合，看似古典；黄色与蓝色条纹搭配，既展现了优雅风格的精致，又不失清新脱俗的感觉。

图5-7（c）：纯色是优雅型风格的经典代表之一，没有任何多余的修饰，仅通过平滑的面料肌理与条纹袖口、领口来修饰。

图5-7（d）：粉色碎花与修身A字系带连衣裙的完美结合，是优雅型风格的又一写照。

图5-7（e）：白色套装的轻流苏设计衬托出穿着者的肤色，面料花形既细腻又繁复，与皮肤质地形成鲜明对比。

图5-7（f）：米黄色上衣与黄褐色中国传统图案相结合，展现了古典与优雅的完美结合，搭配鹅黄色包臀裙，形成优雅的层次感。

八、浪漫型风格

　　浪漫型风格服装能够最大程度彰显个人魅力，展现穿着者的自信、精致。在服装选择上，浪漫型风格多采用裙装，设计上倾向于选择能凸显女性气息的元素，如大荷叶边、灯笼袖、大圆领以及低领口等，热衷于运用各种华丽、精美的花朵图案等装饰服装；如果觉得设计过于夸张，也可以考虑选择带有曲线轮廓的素色服装，保持整体造型的和谐与统一，见图5-8。

（a）粉色长裙　　　　　（b）深粉色搭配花式裙摆　　　　（c）酒红色长裙

（d）全黑色搭配首饰　　　（e）肉色与肤色搭配　　　　（f）酒红色的不同质感

图5-8　浪漫型风格色彩

图5-8（a）：浪漫型风格的服装线条要圆润，图案轮廓呈曲线形，切忌棱角分明。粉色是浪漫的永恒色彩，与格子、条纹图案的结合能强化色彩效果。

图5-8（b）：略深的粉色晚礼裙搭配花卉造型，诠释了浪漫气息的延伸。

图5-8（c）：酒红色是粉色的延伸色，表现出端庄秀丽的气质，是酒会晚礼长裙的标配颜色。

图5-8（d）：全黑色束腰长款连衣裙通过腰带与首饰来强化对比效果。

图5-8（e）：偏粉的肉色套装与肤色形成弱对比，强化了人体美，是浪漫型风格的另一种表现。

图5-8（f）：酒红色通过肌理分离出毛绒与丝绸两种质感，在色彩统一的前提下，不同肌理的对比为服装增添了丰富的视觉效果。

　　人体肤色因多种因素存在很大差异。当服装颜色与皮肤颜色相互协调时，可以营造出一种和谐的美感。相反，如果颜色搭配不当，可能会导致肤色显得暗沉，从而影响整体形象。因此，根据个人的肤色选择合适的服装颜色，对于实现整体着装的美感至关重要。

一、黄肤色

　　例如，亚洲人肤色普遍偏黄，服装采用蓝色、粉色等颜色更为适宜，不适合选择绿色、灰色或紫色，否则会使肤色显得暗沉和憔悴。应避免使用浓度过高的黄色系，包括黄色、棕色、橘色、驼色等颜色，避免服装喧宾夺主，见图5-9。

（a）深蓝色搭配金色图案　　　　（b）浅蓝色搭配浅色图案　　　　（c）粉色搭配黑色腰带

图5-9　黄肤色与服装色彩

左：蓝色能够很好调整黄肤色，当蓝色与肤色图案相结合时，能提亮面部肤色，使整体看起来更加清新、明亮。

中：浅蓝色比深蓝色更显青春活力，白色刺绣图案显露出中式古典风韵。

右：粉色是一种能够展现健康肤色的颜色，与黑色发套、腰带、长靴等配饰相呼应。

二、白肤色

在选择适合白皙肤色的服装时，淡黄色、淡蓝色、淡粉色等柔和的色彩是首选。而像大红色、深蓝色、深灰色等深色调，以及浅灰色、浅绿色、淡紫色和灰褐色等颜色，则不太适合，因为它们可能会让肤色显得过于苍白或者不自然。对于白皙肤色的人来说，黄色和蓝色能够凸显出皮肤的亮丽动人。如果肤色过白或略带青色，则应避免穿冷色调的服装，否则可能会让肤色看起来过于苍白无力，见图5-10。

（a）黄色搭配白皮肤　　　　　（b）绿色与黑色腰带搭配　　　　　（c）红绿色搭配碎花图案

图5-10　白肤色与服装色彩

左：黄色纯度要高于白皮肤，但是明度略低于白皮肤，因此能衬托出皮肤更白皙。

中：绿色属于冷艳的中性色，搭配黑色腰带能衬托出白皙肤色。

右：红绿色搭配碎花图案的服装整体色调较深，需要通过裸肩款型的设计来衬托白皙肤色。

三、黑肤色

深色皮肤不宜与深暗色调搭配，相反，明亮和清新的色调更为适宜。在选择颜色时，应保持颜色的纯度适中，比如淡黄色、淡蓝色、米色或象牙白色。可以将黑色、白色和灰色用作调和色，用浅棕色作为主色调，搭配如浅蓝色、深灰色或鲜红色等色彩。应避免选择深蓝色或深红色等大面积灰暗色彩，因为它们可能会与肤色形成较弱的对比，从而使肤色看起来沉闷和缺乏活力，见图5-11。

（a）黄色配深色皮肤　　　（b）白色、蓝色配深色皮肤　　　（c）上浅下深配深色皮肤

图5-11　黑肤色与服装色彩

左：黑肤色搭配浅色服装可以使昏暗的肤色变亮，服装色彩的明度要根据具体皮肤颜色来搭配。肤色特别深的人可以选黄色，以避免形成过于强烈的明度对比。

中：纯白色会加大与肤色的对比，可以在上装穿插稳重的蓝色进行过渡，裙装部分金属色也能起到协调对比的效果。

右：上装白色与下装黑色搭配，可以选择带有图案的装饰，避免肤色形成整体造型的沉闷，让人的整体气质显得明朗、活跃。

服装小贴士　　其他肤色与服装色彩

（1）小麦肤色。适合对比强烈的色彩，能营造出较强的视觉刺激，如黑色、白色、灰色、深蓝色、深红色等，绿色并不适合这种肤色。

（2）偏红肤色。深橘色或橙红色肤色更适合深色调的颜色，不太适合强烈的对比。这种肤色可以选择驼色、暖棕色、卡其色等，形成更自然的颜色搭配。可采用相同色或邻色搭配，利用不同的服饰材质来区分层次感会更为合适。

第三节　形体与服装色彩搭配

服装款式与色彩的选择与个人体型特征的匹配至关重要。正确了解自身的体型特征，并以此为基础选择合适的穿着方式，可以有效改善外观的视觉效果。常见的体型主要分为倒三角形、矩形、椭圆形、三角形以及沙漏形五种，见图5-12。

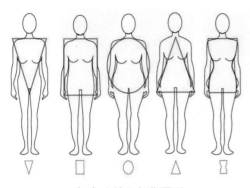

（a）人体几何化图形　　　　　　　　　（b）不同形体着装

图5-12　形体类型

左：体型分类的方法主要围绕着肩、腰、臀三个关键部位展开，判断个人体型的时候，主要是看三者之间的比例。

右：不同形体的着装形式各异，主要目的是突出形体上的美感，遮挡或回避形体上的不足。

一、倒三角形

　　倒三角形体型的显著特征在于宽阔的肩膀和纤细的腰身，上下半身的比例存在明显的差异。这种体型在选择衣物时，最好选用简洁的上半身服装，避免过多的装饰，特别是肩部区域。在腰部则可以添加一些装饰元素，强调其纤细的特点，从而在视觉上形成鲜明的对比，见图5-13。

（a）白色与米色搭配　　　　　（b）全白长裙　　　　　（c）浅蓝色裤裙搭配黑色腰带

图5-13

（d）天蓝色搭配白裙　　　　（e）酒红色裙装　　　　（f）不同质感的黑色

图5-13　倒三角形服装搭配

图5-13（a）：上衣多采用垂直风格，简洁的领线使肩线自然适度，有效遮掩了肩宽的短处；腰部的细节装饰设计，拉长了腿部线条，突出下半身的长处。

图5-13（b）：稍作修饰的灯笼袖能弱化肩部的突出结构，白色连衣长裙能弱化上半身和下半身的形态对比。

图5-13（c）：浅蓝色宽摆长裙能扩大腿部的视觉效果，搭配黑色腰带提升了下半身的重量感。

图5-13（d）：天蓝色上装具有退远的视觉感受，能让肩部看起来具有收缩感，而下装的米色宽摆裙则能优雅地修饰腿部线条。

图5-13（e）：酒红色直线肩部造型使宽肩得到了有效的收缩，腰带造型扩大了臀部的体积感。

图5-13（f）：深灰色皱褶裤裙增大了下半身的体积感，灰色披肩让肩部形体得到了收缩。

二、矩形

　　矩形体型的特征通常表现为形体轮廓不清晰，上下身比例相对均衡，三围差距较小，腰臀比例不突出。在选择矩形造型的服装时，应选择设计简洁、裁剪利落的款式来强化外轮廓。建议采用一些色彩明亮或较为淡雅的服装款式，以更好地展现矩形体型的特点，见图5-14。

（a）白底黑色纹理　　　　（b）黑白竖向条纹　　　　（c）白色与米色搭配

图5-14

（d）墨绿色衬托白色　　　（e）红色密集碎花　　　（f）粉红色反光洗水面料
　　　　　　　　　　　　　　搭配银灰色饰边　　　　　　搭配灰色流苏

图5-14　矩形服装搭配

图5-14（a）：矩形体型的服装呈现出洒脱干练的视觉印象，看上去会更加年轻，整体呈现直筒形状，以宽松立体感为主，没有明显的腰身；紧凑的碎花短连衣裙能衬托出腿部的纤细。

图5-14（b）：竖向黑白条纹西装看似强化了矩形身材，其实宽大的裤腿才是拓展下半身姿态的根基。

图5-14（c）：米色宽大西装能扩大肩部宽度，飘逸的褶皱条纹摆裙能扩大下半身的宽度。

图5-14（d）：墨绿色与白色工作服形成鲜明对比，具有层次感，搭配白色袖子与头巾形成整体着装呼应。

图5-14（e）：红色密集碎花无肩连衣短裙使得四肢在肤色的衬托下更加突出，为矩形身材带来了活力。

图5-14（f）：粉红色反光洗水面料长裙的设计有效拓展下身姿态，搭配灰色长流苏，让行走时更加飘逸。

三、椭圆形

　　椭圆形体型的主要特征是腰腹及臀围较为丰满突出。在选择服装时，应选择能遮盖肚子的设计，并且服装的款式应当上宽下窄，以突出手臂和腿部线条的修长感。此外，建议多采用单一色调或浅色调，避免选择过短或紧身的款式，见图5-15。

（a）全白无皱

（b）深浅蓝色搭配

（c）全白层叠

（d）白灯笼裙搭配黑皮裤

（e）粉色搭配黑色

（f）深蓝色皮草搭配白色打底衫

图5-15 椭圆形服装搭配

图5-15（a）：椭圆形服装的外轮廓线条相对柔和，白色虽然显得突兀，但在这款设计中，由于版型宽松且行走时产生的皱褶，增加了服装的动态感和层次感，呈现出一种干练的视觉效果。

图5-15（b）：天蓝色的运用带来视觉上的后退感，宽大的袖口与紧缩的包臀裙口形成对比，使椭圆形体型者穿着时显得轻松飘逸。

图5-15（c）：白色层叠造型款式使服装整体效果呈现为花苞状，有效隐藏了腰身，但是会表现出丰富的形体层次感。

图5-15（d）：白色灯笼裙与灯笼袖能平衡椭圆形身材的视觉突兀感，搭配黑色紧身裤，效果就更明显了。

图5-15（e）：粉色单扣中长外套的下摆能包臀，宽袖口设计增添了宽松感。

图5-15（f）：深蓝色喇叭口皮草套装能完全遮挡椭圆形体型的缺点，搭配白色打底衫形成一定色彩对比。

四、三角形

　　三角形体型肩部较窄，胸部瘦小，而腰部或臀部则相对丰满，脂肪主要集中在臀部和大腿区域。在服装搭配上，为了更好地衬托这种体型，可以考虑加宽肩部或丰满胸部。颜色方面，可以选择浅淡或鲜艳的颜色，以进一步分散人们的视线。此外，下半身应当尽量减少装饰，避免搭配紧身衣裤、宽皮带、褶裙或细褶裙子，见图5-16。

（a）全绿长裙　　　　（b）弱反光浅蓝色搭配黑白　　　（c）橙色搭配白与灰

（d）棕色搭配黑色皮革　　（e）奇异果色搭配浅粉色　　　（f）黑色肌理对比
　　　　质感

图5-16　三角形服装搭配

图5-16（a）：三角形体型适合垂直、简洁的式样，绿色长裙能遮掩下半身的身材缺点，在总体造型上创造出匀称的效果。

图5-16（b）：浅蓝色伞状开衫因其独特的形状而富有变化，能随着人的动态变化出多种形态，不仅能体现出上半身的身材优势，而且能拉长腿部线条，使腿部看起来更加纤细。

图5-16（c）：上装橙色夹克能让上半身体型更加突出和有型，而下半身半透裙装能减弱下半身的重量感。

图5-16（d）：棕色光亮皮夹克提升了上半身的体积感，下半身黑色紧身裤给人带来强烈的收缩感。

图5-16（e）：奇异果色具有一定的视觉收缩感，但是搭配渐变白色能丰富并拓展上半身形体，缓和三角形体型下半身的突兀感。

图5-16（f）：宽大的黑色毛呢斗篷扩展了上半身形体，半透黑色纱裙能让腿部显得更加精致和修长。

五、沙漏形

　　沙漏形体型的特征为胸部和臀部较丰满，腰围纤细且曲线优美，又称S身材。对于这样的体型，适宜选择低领、紧腰身设计的服装，如窄裙或八字裙等，以更好地展示这种体型的特点。如果觉得沙漏形体型在某些场合下可能显得过于突出，可以选择直筒式的服装，如直筒连衣裙或长衬衫，能有效遮掩过细的腰部；在服装的色彩和款式方面可以自由搭配，符合个人的心理认知和审美喜好即可，见图5-17。

（a）红色质感对比　　　　（b）蓝白搭配　　　　（c）金色搭配花纹

（d）深蓝色搭配图案　　　（e）黑绿渐变过渡　　　（f）灰粉色蕾丝图案

图5-17　沙漏形服装搭配

图5-17（a）：连衣裙轮廓清晰而生动，可以令沙漏形身材看上去婀娜多姿、楚楚动人。红色宽体毛衣半露出沙漏体型的完美线条。

图5-17（b）：紧凑的白色小西装与蓝色短裙是标准的职场穿搭，收腰设计强化了身材优势。

图5-17（c）：香槟金色适合出席晚宴场合，收腰造型是这款晚礼服必备的款式。

图5-17（d）：蓝色人鱼套装能进一步强化沙漏形身材的优势，上装纯蓝，下装半透花裙更能体现出身材的婀娜多姿。

图5-17（e）：黑绿渐变色包臀装贴合沙漏形身材的曲线，黑色羽毛能衬托出白皙的肤色。

图5-17（f）：偏灰粉色蕾丝连衣裙具有收腰包臀造型，偏灰粉色也能衬托出白皙的肤色。

服装小贴士　形体与服装色彩搭配技巧

不同的色彩能够引发不同的视觉体验，比如浅色和暖色倾向于产生一种扩张感，而深色和冷色则更易带来收缩的视觉印象。

（1）体型瘦小者建议使用简洁明快的色彩方案，特别是那些浅色调或明亮色彩，可以增加视觉上的体积感，避免深色带来的收缩效果。同时，应该避免色彩的过度复杂化，以保持整体的和谐。

（2）体型高大者适合深色或单色服装。单一的颜色可以强调身高的优势，可以选择高纯度色彩作为基础色调，辅以浅色图案作为点缀，来打破单一颜色带来的沉闷感。

（3）身体较胖者适合选择冷色调和深色调的服装。冷色和深色在视觉上具有收缩的效果，可以有效减小身体的视觉体积感，应注重颜色的简洁性，避免过于复杂的色彩组合。细长图案的运用也能够帮助产生视觉上的收缩效果。

（4）正常或优美体型者则可以选择明亮且温暖的色彩。在搭配时，除了考虑个体的体型和色彩偏好外，还应综合考虑时间、空间和环境因素，以达到最佳的视觉和谐效果。

第四节　四季服装色彩搭配

四季色彩是将日常生活中的色彩按照温度、亮度和饱和度等因素进行综合分类，进而形成四个基本的色彩群。四个色彩群分别与一年四季的自然特征相联系，因此被分别称为春季型色彩（春色调）、夏季型色彩（夏色调）、秋季型色彩（秋色调）和冬季型色彩（冬色调）。

一、春季型色彩

春季型色彩的主要基调较为明亮，包括亮黄绿色、浅蓝色、浅金色等，具有浅淡、明艳、轻快的特点。春季型服饰通常不建议使用黑色，但可以采用蓝色、棕色、驼色等较重的色彩作为替代。蓝色宜选择明度、饱和度较高的，这样能营造出光泽感，避免使用黑色、藏蓝色、深灰蓝色、蓝灰色等较为沉闷的色彩，见图5-18～图5-20。

左：春季型服装色彩选色多样，饱和度适中，少许偏灰偏粉。

图5-18　春季型服装色彩

图5-19　春季型服装配色效果

（a）紫色与粉紫色对比　　（b）粉红色与青色图案搭配　　（c）橙色与白色渐变搭配

（d）朱红色与黑色搭配　（e）毛绒边驼色与橙色打底衫搭配　　（f）条纹搭配粉色裙

图5-20　春季型服装配色应用

图5-20（a）：春季服装色彩搭配追求鲜明与对比的效果，从中彩度到高彩度之间变化，多种紫色对比，营造出一种柔美、俏丽、活泼的氛围。

图5-20（b）：粉红色长袖连衣裙搭配青色动物图案，两者形成对比，既富有朝气，又提升了穿着者的形象气质，动感十足。

图5-20（c）：橙色与白色渐变，搭配动物图案增添了几分趣味性和活力。

图5-20（d）：朱红色与黑色的视觉对比强烈，米色风衣起到很好的协调作用。

图5-20（e）：毛绒边驼色薄外套是冬季进入春季的过渡服装，为了突出活力感，可以搭配橙色打底衫。

图5-20（f）：粉色不规则开衩伞裙，搭配横向条纹短针织衫，针织衫中穿插有粉色、浅蓝色、米色、黑色，条纹宽窄不一，将青春气息呈现在上半身。

二、夏季型色彩

夏季型色彩偏向于那些给人带来凉爽感的柔和色调，例如粉红色、蓝色和紫色，能够营造朦胧感和清凉感。在进行服装色彩的搭配时，建议选择相同色系或相邻色系的组合，能够体现出一种和谐与统一的感觉，如蓝色、浅灰色、白色以及浅粉红色等色彩，都是不错的选择。

夏季并不适合穿着黑色，因为黑色不仅容易吸收热量，还与夏季型色彩的柔美特质不符。因此，可以考虑使用浅淡的灰蓝色、蓝灰色或者紫色来代替黑色，这些色彩既能够保持服装的雅致和干练，同时也能够带来一种清凉的感觉，见图5-21～图5-23。

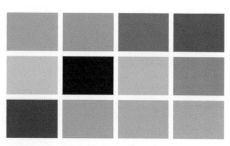

图5-21　夏季型服装色彩

上：夏季型服装色彩以冷色调为主，降低饱和度，以蓝色、紫色居多。

图5-22　夏季型服装配色效果

（a）深浅色浓淡搭配　　　　（b）灰色半透装搭配首饰　　　（c）浅色连衣裙搭配饰边

（d）黑色斑点搭配粉色　　　　（e）同色系搭配　　　　（f）米色上装搭配黑色短裙

图5-23　夏季型服装配色应用

图5-23（a）：夏季服装色彩在进行浓淡搭配时，要注意色彩的柔和、淡雅，应当避免反差大的色调，多种高明度、中低纯度色彩相互搭配，能够营造出一种雅致与恬静的氛围。

图5-23（b）：灰色半透装是夏季清凉的代表色之一，上装搭配反光金属亮片与首饰，具有强烈的精致感。

图5-23（c）：浅紫色薄连衣裙与朱红色饰边的搭配形成了鲜明的对比，为整体造型增添了动感。

图5-23（d）：黑色斑点与粉色抹胸长裙，呈现出了炎热季节的清凉感。

图5-23（e）：粉色开衩长裙与玫红色半透夹层的搭配展现了层次感和动态美，让行走的动态更加吸引眼球。

图5-23（f）：米色半透上装搭配黑色短裙，展现出沉稳和成熟，表现出夏季日照环境。

三、秋季型色彩

秋季型色彩沉稳、低调，常在休闲装中使用，明亮的色彩能够带来青春感与活力，彰显出成熟与华贵的气质；并不适合采用强烈色彩对比，可以使用相同色系或相邻色系的搭配，更好地展现华丽感。棕色、金色和棕绿色等色彩都是秋季的代表色，见图5-24～图5-26。

图5-24　秋季型服装色彩
上：秋季型服装色彩以暖色调为主，为提高饱和度，以红色、棕色居多。

图5-25　秋季型服装配色效果

（a）驼色长风衣　　　　（b）卡其灰色风衣搭配白色长裙　　　　（c）同色系马甲与长裙

（d）棕绿色长款工作套装　　（e）卡其灰色风衣搭配花色长裙　　（f）白底花纹搭配牛仔蓝

图5-26　秋季型服装配色应用

图5-26（a）：秋季服装注重色彩的温暖感与浓郁感，驼色长风衣表现出浓郁而华丽的效果，衬托出成熟高贵的气质。

图5-26（b）：卡其灰色长风衣与白色宽松针织长裙的明度形成一定对比，表现出稳重的风韵。

图5-26（c）：棕色皮马甲搭配金色长裙的组合，属于同一色系，金色提升了整体的华丽感。

图5-26（d）：棕绿色长款工作套装主要通过粗大的缝线来强化款式特征。

图5-26（e）：卡其灰色长风衣与花色丰富的长裙搭配，为整体造型注入了活力与青春气息。

图5-26（f）：白底大花高领毛衫是秋季型色彩的典型搭配，花形追求硕大，阔腿牛仔裤是百搭的秋季型下装。

四、冬季型色彩

冬季型色彩强调高饱和度，适合于时尚休闲类服装设计。这一风格以红色、绿色、宝石蓝色和黑、白等颜色为主要色调，而冰蓝、冰粉、冰绿等较为柔和的色彩则常作为辅助色或点缀色，形成和谐而富有层次的视觉效果。

在冬季型色彩的应用中，黑色、白色和灰色可以作为辅助色使用。设计师在使用这些颜色时，应特别注意色彩的深浅对比与层次感营造，以创造出丰富的视觉效果，见图5-27～图5-29。

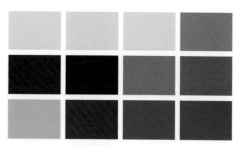

图5-27　冬季型服装色彩

上：冬季型服装对色彩冷暖属性选择广泛，以深色为主，饱和度也不限，对色彩的宽容度较高。

图5-28　冬季型服装配色效果

（a）黄色压花套裙

（b）不同层次粉色搭配

（c）灰白色渐变搭配

（d）红色与白色的搭配

（e）红色系搭配黑色

（f）低纯度的黄绿色与黑色

图5-29　冬季型服装配色应用

图5-29（a）：冬季服装要注意色彩对比，通过压花纹理来表现柔和的色彩对比，体现出冬季型服装的时尚感。

图5-29（b）：不同层次的粉色相互搭配，能表现出沉稳且充满活力的气质，其中灰粉色是色彩纯度的对比基础。

图5-29（c）：灰白色渐变皮草是冬季配色的经典之选，为了打破沉闷的视觉效果，可以搭配透纱裙来体现整体着装的精致感。

图5-29（d）：冬季型服装中可以搭配鲜艳的红色上装，但是要通过白色来衬托，避免视觉上的突兀感。

图5-29（e）：玫红色与大红色搭配的中长款皮袄，可以在黑色长裤中凸显出活力和热情。

图5-29（f）：低纯度的黄绿色是更低调的色彩，这时黑色反而能被衬托出来，黑色成为视觉的中心。

本章小结

色彩是服装搭配中的关键因素，在塑造个人形象方面具有举足轻重的影响。通过恰当或精心的色彩选择，能够有效彰显个人的魅力和气质。同时，个人的风格、肤色、体型等内在特质，以及季节变化等因素，共同作用于色彩印象的形成。本章总结了服装色彩的定位方法，旨在帮助设计师充分发挥其配色才能，找到适合每个人的独一无二的色彩印象模式。

第六章

服装配色综合应用

识读难度：★★★★★

重点概念：有彩色、无彩色、同种色、相似色、格子、碎花

章节导读：色彩在服饰设计中扮演着至关重要的角色，不仅是整体造型不可或缺的组成部分，也是提升服装品质的灵魂所在。在服装色彩的搭配上，主要依靠色相、明度以及纯度之间的对比来实现视觉的和谐与统一，从而产生令人愉悦的配色效果。此外，色彩的搭配还能够通过心理感受的传递，间接地调整和改变整体的色调，进而在无形中提升服装的整体品质。

第一节 | 有彩色和无彩色配色

一、有彩色

　　有彩色是指在光谱中能够被观察到的所有色彩，包括红、橙、黄、绿、蓝和紫等基本色，以及这些基本色按照不同的比例混合，进而产生的数以万计的各类色彩，见图6-1、图6-2。

图6-1　有彩色配色效果

（a）孔雀羽毛图案雪纺裙

（b）暖色块图案拼接长裙

（c）红色连衣裙搭配酒红色长靴

（d）酒红色与蓝色图案穿插

（e）蓝灰色搭配水绿色

（f）白底花纹与黄色、蓝绿色搭配

图6-2　有彩色配色应用

图6-2（a）：基本色的搭配虽然看似简单，但也要考虑色彩之间的比例，不同的颜色占整体色调的比例不同，呈现出的视觉效果也不同。孔雀羽毛图案色彩丰富，是服装设计中常用的图案。

图6-2（b）：多种暖色的拼接是现代人时尚的诠释，既是个性的展示，也是对传统风格的颠覆。

图6-2（c）：中等纯度的红色连衣裙搭配酒红色长靴给人紧凑、快捷的视觉效果。

图6-2（d）：酒红色与蓝色图案穿插，通过降低色彩的纯度来弱化对比，形成混为一体的视觉效果。

图6-2（e）：灰色格子是中性的代表色，搭配水绿色一步裙与紫色尖头皮鞋，展现了中性的对比效果。

图6-2（f）：白底花纹短袄搭配蓝绿色高领打底衫，具有统一的色彩效果，再搭配中黄色宽松裤裙，提升整体的注意力和吸引力。

二、无彩色

　　无彩色是指除彩色以外的所有颜色，即黑、白、灰这三种颜色。无彩色在服装搭配领域占据核心地位，以其简约和百搭的特质著称。这些色调不易引起视觉疲劳，因此成为众多时尚设计师和消费者青睐的选择，它们不仅在视觉上具有统一与和谐的效果，在与其他色彩组合使用时也能够减少配色出错的可能性，见图6-3、图6-4。

图6-3　无彩色配色效果

（a）黑色露肩连衣裙　　　（b）白色不规则春秋裙　　　（c）白色搭配浅灰色

（d）黑色皮质外套　　　（e）中灰色外套搭配　　　（f）白色衬衣与黑色牛仔裙
　　　　　　　　　　　　　　　米色刺绣短裤

图6-4　无彩色配色应用

图6-4（a）：黑色对款式的要求较高，简单或复杂的款式均可，黑色能衬托出肤色。

图6-4（b）：白色对肤色的衬托不明显，为了避免显得肤色暗沉，可以适当减少外露的皮肤。

图6-4（c）：白色搭配浅灰色时，要相互穿插形成对比，让两种颜色在视觉上形成交错对比，增加层次感。

图6-4（d）：黑色皮质外套具有反光效果，能在材质上体现黑白对比。

图6-4（e）：中灰色外套可以通过搭配带有花卉图案等元素的配饰来增添亮点。

图6-4（f）：纯白色衬衣与黑色牛仔短裙搭配，主要表现出材质与肌理的视觉对比。

三、有彩色与无彩色组合

无彩色因缺乏色相、纯度的变化，在与有彩色系进行组合搭配时，能够显著形成差异，进而产生强烈的对比效果，展现出灵活性和适应性。

增加无彩色系的层次渐变，可以用来表达不同的情感氛围。当黑、白、灰等层次渐变多时，整体设计会显得更加柔和，给人带来一种低调的高级感，见图6-5、图6-6。

图6-5　有彩色与无彩色组合配色效果

（a）红蓝搭配黑色

（b）红底黄花搭配白色

（c）灰色与低纯度色彩的融合

（d）白色衬衫搭配花色长裙

（e）花色外套搭配白色内搭

（f）彩色条纹搭配黄色

图6-6　有彩色与无彩色组合配色应用

图6-6（a）：无彩色系与任何有彩色组合搭配，都能起到调和的作用。红蓝对比视觉强烈，搭配黑色短裙后就显得平衡和融合了。

图6-6（b）：黄色图案的红色丝绸披肩，与白色旗袍搭配，体现了色彩间火热与宁静的对比。

图6-6（c）：灰色具有协调多种低纯度色彩的能力，即使在色相上毫无关联，也能表现出融合的对比效果。

图6-6（d）：图案丰富的长裙与白色上衣的搭配，白色在此起到了点睛的作用。

图6-6（e）：中灰度图案在黑色镶边与白色内裙的衬托下，具有五彩斑斓的效果。

图6-6（f）：黑色边条与其他颜色搭配时，比例调整至关重要，可以使黄色获得非常明快的色彩效果。

第二节 | 多色相组合配色

　　服装的色彩搭配通常是以多种颜色的组合来实现的，这种组合产生的视觉效应与颜色的明度和纯度密切相关。具体来说，可以将多色相组合配色方式划分为三大类：同色系配色、相似色配色以及主色调对比配色。在多色相的搭配中，关键在于保持整体的和谐与统一。

一、同色系配色

　　同色系配色是指选用色相相近的颜色来进行搭配，这些颜色之间的明度差异如果把握得当，可以呈现出明度变化的层次感。在同色系中融入深色、中间色和浅色三个不同明度层次的色彩，可以创造出既有对比又具和谐的效果。如果这种明度上的差异过小，颜色之间就可能变得模糊不清，缺乏立体感和层次感；如果差异过大，又可能导致颜色之间的对比过于强烈，显得杂乱无章，见图6-7、图6-8。

图6-7　同色系配色效果

（a）红色系的和谐运用

（b）橙黄色搭配白色

（c）不同纯度蓝色的搭配

（d）浅蓝色套裙搭配黑色短靴

（e）紫色系的和谐搭配

（f）灰粉色套装

图6-8　同色系配色应用

图6-8（a）：同色系搭配是一种既简便又高效的配色方法。同一种红色，利用明度变化来搭配，可以产生和谐、自然的美感，获得端庄、稳重的视觉效果，适用于气质优雅的成熟女性。

图6-8（b）：橙黄色显得较为柔和，可以搭配白色来强化对比。

图6-8（c）：深浅两种蓝色通过条纹的形式相互交织，给人一种富有理性、庄重的感觉。

图6-8（d）：浅蓝色宽格吊带开衫裙表现出轻盈靓丽的气质，营造出柔美的弱色对比，又通过黑色短靴来强化色彩力度。

图6-8（e）：紫色落肩宽松毛衣，搭配深紫色阔腿长裤，在明度上形成醒目的对比。

图6-8（f）：灰粉色基调对比较弱，可以通过面料的条纹肌理来制造反光的对比效果。

二、相似色配色

相似色相是指选用相邻颜色进行搭配，颜色之间差异较小，主要通过调整色彩的明度和纯度来创造出既统一又富有变化的视觉效果。例如，将红色、橙红色和紫红色进行搭配，或将黄色、草绿色和橙黄色进行组合。这种搭配方式要求设计者综合考虑色相、纯度、明度等多方面的变化，只有对色彩有深入的理解和敏锐的感知，才能在细微的差异中把握整体的协调感，见图6-9、图6-10。

图6-9　相似色配色效果

（a）红色搭配橙色　　　　　（b）黄色与绿色的搭配　　　　　（c）蓝色与紫色的搭配

图6-10

（d）红色系与黄色系组合　　（e）草绿色与中黄色的协调　　（f）天蓝色与深蓝色的搭配

图6-10　相似色配色应用

图6-10（a）：红色与橙色的相似色较多，这种搭配在服装上能够呈现出丰富而和谐的色彩变化，能获得协调统一的整体效果，颇受女性青睐。

图6-10（b）：黄色与绿色搭配要通过具象图案来表现，适当点缀红色能强化整体的视觉效果。

图6-10（c）：蓝色与紫色搭配要通过较大形体的图案来表现，搭配黑色与白色作为局部点缀，表现出醒目感。

图6-10（d）：红、黄色系分区组合，营造出一种卡通梦幻的感受。

图6-10（e）：草绿色与中黄色组合显得比较沉闷，通过多色条纹手包来协调对比关系。

图6-10（f）：天蓝色与深蓝色进行对比，呈现出一种稳重的渐变感。

三、主色调对比配色

选择一种或两种色彩作为主导色，并使它们成为服装的主要视觉焦点，可以使服装整体保持一致性。通过辅助的色彩来增加细节和层次感，采用衣领、腰带、丝巾等配件作为点缀，以提升整体的视觉效果和时尚感。

1. 色彩对比

当两种或两种以上的色彩组合后，由于色相的差异，产生的视觉效果不尽相同。色环上颜色之间的距离决定了色彩对比的强度：距离越远，对比越明显；距离越近，对比则越弱。在服装设计中，颜色的对比度大小会影响整体风格的表现。当色彩对比明显时，服装整体看起来更为鲜明、个性张扬；而当色彩对比较弱时，服装整体则会显得更为柔和、内敛，见图6-11、图6-12。

图6-11 主色调色彩对比

（a）橙色、蓝色与黄色　　　（b）玫红色、绿色与黑色　　　（c）黄色、蓝色与白色

图6-12

（d）赭石色与中蓝色搭配　　　　　（e）紫色与黄色　　　　（f）橙黄色与蓝色碎花搭配

图6-12　主色调色彩对比应用

图6-12（a）：服装色彩之间有对比才能呈现出多样效果，当各种类型色彩穿插在一起时，加入少许对比色，便可以呈现出丰富又和谐的视觉效果；橙色与蓝色反差强烈，但是搭配黄色就能有所弱化。

图6-12（b）：玫红色不同于大红色，玫红色与绿色对比并没有显得过于强烈，搭配黑色与浅黄色会丰富细节。

图6-12（c）：黄色与蓝色之间过渡色为白色，能让两种颜色的碰撞变得柔和。

图6-12（d）：赭石色外套与中蓝色搭配，对比度较强，但是两种色彩的明度都不高，整体呈现出一种融合感。

图6-12（e）：紫色与黄色对比较强烈，但是提高了紫色的明度，降低了黄色的纯度，有效地弱化了对比。

图6-12（f）：橙黄色与蓝色碎花碰撞后，通过花纹图案能形成良好且统一的视觉效果。

2. 明度对比

　　明度对比可以体现出色彩的层次感和空间感，选取一种颜色作为主导色，再以此为基础进行明度的变换，可以形成深浅不一的色调。明度对比能够产生一种微妙的视觉美感，呈现出一种轻盈、优雅的个性气质，见图6-13、图6-14。

图6-13　主色调明度对比

（a）浅黄色与中绿色　　（b）浅蓝色、中蓝色与深蓝色　　（c）米色西装搭配棕色打底衫

图6-14

（d）黑白灰的经典搭配　　　（e）和谐的白色与驼色搭配　　　（f）不同明度的蓝色搭配

图6-14　主色调明度对比应用

图6-14（a）：色彩对比的强弱取决于色彩之间明度差别的大小，明度差别越大，服装的对比效果就越强；明度差别越小，对比就越弱。浅黄色衬衣与中绿色西装具有明度对比，搭配深肤色使得明度对比层次更加鲜明。

图6-14（b）：浅蓝色西装与中蓝色连衣裙的明度差异不大，但是深蓝色短靴的加入与白皙肤色的对比，使得整体明度层次变得丰富。

图6-14（c）：米色西装套装与棕色打底衫之间存在明度对比，但是外露的打底衫面积较小，明度对比较弱，给人整体统一、和谐的感觉。

图6-14（d）：上半身白色衬衫，下半身深灰色西裤，搭配黑色短靴，形成比较融合的明度渐变效果。

图6-14（e）：对驼色的分离与强化主要通过明度对比来展现，白色是协调肉色明度对比的最佳色彩。

图6-14（f）：浅蓝色之间具有微弱的明度对比效果，与肤色形成近乎同等的明度效果，形成浑然一体的弱对比效果。

3. 面积对比

　　面积对比是指通过不同色彩在画面中所占的面积比例来调控整体的视觉平衡和层次感。如在大面积深色中引入小面积的亮色，或在大面积暖色中加入小面积冷色点缀，从而形成色彩的对比，创造出和谐且富有变化的视觉效果，见图6-15、图6-16。如果处理不当，则会显得单调、生硬。

图6-15　主色调面积对比

（a）棕色外衣搭配深色打底衫　　　（b）蓝色外衣搭配彩色打底衫　　　（c）白色长裙搭配土黄色腰带

图6-16

（d）不同层次粉色的搭配　　　（e）镶边灰粉色套裙　　　（f）驼色大衣与蓝色打底衫

图6-16　主色调面积对比应用

图6-16（a）：主色调占据着全身色彩面积最大的部分，主色单品为套装、风衣、大衣、裤子或裙子等服饰，深色打底衫虽然面积较小，但有效地衬托了外套的主色调，并通过色彩对比增强了层次感。

图6-16（b）：彩色条纹的面积较小，但每种颜色的面积相对均衡，具有通体融合的效果。

图6-16（c）：白色与土黄色的面积差距较大，但是融合了肤色，使整体造型不失和谐，让人的整体形象更加端庄。

图6-16（d）：粉色具有两种层次变化，粉色与肤色形成对比，这种对比是柔和的，均衡了整体形象。

图6-16（e）：灰粉色套装通过镶边色彩来表现对比，形成中规中矩的面积对比关系。

图6-16（f）：驼色长款双面呢大衣与蓝色打底衫形成面积对比，打底衫裸露出有限的面积，形成强烈的层次感。

服装小贴士　**色彩组合协调配色方法**

（1）整体色彩的统一。主体颜色占据服装中面积最大的颜色，主体色加入辅助色进行衬托，使服装整体的色调保持和谐与统一。

（2）局部色彩的运用。可以在服装的小面积部分使用鲜明色彩，如领子、袖子和口袋处使用鲜明色彩，或通过帽子、腰带和围巾等配饰的色彩来点缀。

（3）间隔色彩的调和。用无彩色系中的黑色、白色和灰色对整体色调进行调和，或者选用较鲜艳的色彩来作为色调之间的点缀和间隔，如腰带和花边等。

（4）渐变色彩的加入。色相渐变可以按照红、橙、黄、绿、蓝、紫的顺序进行有序排列；明度渐变可以是明到暗或暗到明的变化；纯度渐变可以是从鲜到灰或从灰到鲜的规律变化；色彩面积渐变可以是由大到小或由小到大的变化。

第三节 | 服装图案与色彩搭配

　　图案与服装色彩的巧妙搭配，是彰显服装美感的重要途径。这种搭配不仅显著提升了图案元素的装饰效果，还充分展现了色彩所独有的美感，两者相辅相成，共同构建了服装独特的审美特征。

一、条纹图案

　　条纹图案具有独特的视觉效果和广泛的适用性，成为深受设计师和消费者青睐的视觉元素。黑白条纹的图案设计最为经典，不仅适合不同年龄阶段的消费者，还可以轻松融入各种日常着装风格，为整体造型增添视觉冲击力。大面积使用条纹图案作为装饰，能够修饰穿着者的身材线条，极具个性风格，见图6-17。

（a）黑白条纹上衣搭配蓝色牛仔裤　　　（b）彩色条纹连衣裙　　　　（c）竖条纹连衣裙

图6-17

（d）竖条纹纯棉长袖连衣裙　　　　（e）黑白灰竖条纹套装　　　　（f）灰色竖条纹西装

图6-17　条纹服装色彩应用

图6-17（a）：条纹不局限于大面积重复使用和常规布局，可以将面料进行拼接，将不同长短、粗细、色彩的条纹融合在一起，明确展现了条纹的方向感与韵律感。黑白条纹与文字搭配，能被蓝色牛仔裤衬托，使整体造型更加和谐统一。

图6-17（b）：红、蓝、白、黑条纹通过不同粗细比例进行搭配，体现了设计师的巧妙构思；外罩采用透明面料，营造出一种华丽的时尚感。

图6-17（c）：防雨布式的竖向条纹设计，给人以设计元素转移的心理暗示。

图6-17（d）：多色相、高纯度的纤细竖向条纹设计，形成了一种魔幻般的视觉效果。

图6-17（e）：黑、白、灰色穿插的竖向条纹通过宽度比例来协调视觉的紧凑感。

图6-17（f）：弱对比条纹西装比较普及，具有实用性审美价值，能与非条纹裙装形成肌理对比，使得条纹元素更加具有个性。

二、格子图案

　　格子图案以简洁的线条和丰富的色彩肌理为主要特征，给人一种宁静而雅致的感觉。格子图案的造型从单调到繁杂，从稀疏到紧凑的变化，都能在视觉上避免呆板，符合人们追求稳定与平衡的心理，见图6-18。

（a）棕色系格子套装　　（b）格子图案与白色、　　（c）蓝底白色条纹连衣裙
　　　　　　　　　　　　　　　蓝色的搭配

（d）驼色外套搭配　　　（e）蓝灰色小格子套装　　（f）灰色格子毛呢外套
　　　灰色格子装

图6-18　格子服装色彩应用

图6-18（a）：格子图案的服装风格多变，其表现形式主要通过线条来表现格子造型，通过红色、棕色、棕绿色的巧妙搭配，展现出经典而复古的格子风貌。

图6-18（b）：黄色、蓝色、白色的相互拼接混搭，使得格子造型设计展现出强烈的时代感。

图6-18（c）：蓝底衬托出白色折形线条，能组成不拘泥于传统方正规矩的格子图案。

图6-18（d）：驼色短外套在灰色格子装叠加，增加了色彩对比层次。

图6-18（e）：蓝灰色小格子以其紧凑的排列和时尚的色调，成为现代城市生活的主流审美代表。

图6-18（f）：灰色格子毛呢外套在冬季雪地中显得格外醒目。

服装小贴士　格子图案服装的风格

　　（1）学院风格。它起源于英国，以男性服装为主，包括西装和裤子等，因其呈现一种绅士风度的气质而深受青睐。

　　（2）乡村风格。它以苏格兰裙为代表，源于对质朴、自然生活的向往，融合了各个地区的文化底蕴和民族特色，成为乡村风格的一个标志性元素。

　　（3）嬉皮士风格。它是一种叛逆风格，其代表性款式为格子裤和格子裙等，以独特的服装设计和发型为特点。

三、碎花图案

　　碎花图案能够传达出穿戴者的多种情感状态和心理因素，营造出一种愉悦轻松的氛围，同时也能体现清新自然之美，让人感受到一种青春活泼的氛围。这种设计理念很好地满足了女性对于浪漫主义审美的追求，见图6-19。

（a）碎花雪纺长裙　　　　　　（b）拼色碎花裙　　　　　（c）黄色与绿色碎花雪纺裙

图6-19

（d）粉色碎花连体裤　　　　　（e）蓝花灰底雪纺长裙　　　　（f）蓝色棉衣搭配碎花长裙

图6-19　碎花服装色彩应用

图6-19（a）：碎花图案的服装材质一般为雪纺面料，内外两套暖色图案给人以柔和的过渡感，充分体现出清新、自然的风格。

图6-19（b）：拼色碎花更强调花形，要求花形具有大小与明度对比的强烈处理。

图6-19（c）：绿色连衣裙碎花图案不局限于花卉，任何小形体图案都可被纳入碎花的范畴，黄色与绿色形成和谐自然的对比。

图6-19（d）：粉色碎花是服装整体色彩搭配的主流，营造出清新、年轻的气质。

图6-19（e）：灰色与蓝色搭配的碎花将古典美与成熟美相结合。

图6-19（f）：冬季外套内衬上的碎花能在寒冷季节显露出热情洋溢的个性。

四、印花图案

　　印花图案是服装设计中常用的元素之一，其多样化的形态和色彩能够丰富服装的表现力。通过对花卉图案进行精心搭配，不仅可以增强其视觉效果，还能够突出其质感和色彩特征。此外，花卉图案的形态和质感也有助于塑造服装的视觉形象，使服装呈现出柔美、浪漫的风格，见图6-20。

（a）蓝色与橙色搭配图案　　（b）多重叠蛋糕裙搭配大花图案　　（c）黄色花卉与深蓝色格子搭配

（d）写实黄花与绿叶搭配　　（e）黄色衬底搭配大型花卉　　（f）蓝色与紫色搭配花卉

图6-20　印花服装色彩应用

图6-20（a）：居中对称的图案与色彩搭配表现出稳重的视觉效果，虽然颜色搭配十分丰富，但是却不失庄重典雅的视觉效果。

图6-20（b）：多重叠的蛋糕裙表现出丰富的服装款式造型，选用白底衬托各种色彩的花卉图案，具有强烈的视觉效果。

图6-20（c）：黄色花卉与深蓝色格子搭配的包臀裙，具有紧凑、快捷的动态感。

图6-20（d）：提取真实的花卉造型，在绿叶的衬托下表现出装饰性极强的视觉效果。

图6-20（e）：黄色衬底，选用明度较低的红色、绿色来表现花卉，具有一种古朴效果。

图6-20（f）：带披肩的连衣裙具有优雅、柔美的气质，蓝色与紫色搭配的花卉图案与连衣裙的款型相得益彰。

五、波点图案

　　波点是波普艺术的代表性元素，超大波点可以营造出复古感，大波点象征着自由和豪放，小波点则象征着浪漫和优雅。在波点图案中，黑色和白色是最经典的组合，通过调整波点之间的间距和大小来创造出不同的视觉效果和风格特征，见图6-21。

（a）玫红色波点与黑色搭配　　（b）黑底与不同大小白点搭配　　（c）白底黑点局部搭配红色

（d）色彩鲜艳波点搭配黑色　　（e）波点与格子搭配　　（f）粉底黑点搭配黑色腰带

图6-21　波点服装色彩应用

图6-21（a）：色彩鲜艳的波点不适合大面积使用，通过外套的遮挡表现出丰富的层次感，又不会显得过于张扬。

图6-21（b）：黑底白点的波点图案展现出一种复古而豪放的气质，波点形态大小的对比，不仅增加了图案的趣味性，还凸显出躯干的重心感。

图6-21（c）：白底黑点具有轻柔感，适当穿插红色心形图案，更加突出了服装的精致感。

图6-21（d）：将波点元素经过图案化设计后，融入服装袖口与裙口中，表现出服装整体格调的精致与美观。

图6-21（e）：波点与格子搭配应突出重点，如果以格子为主，波点仅作为装饰时就要非常醒目，可选用强烈的黑白对比。

图6-21（f）：粉底黑点是青春时尚的搭配标杆，具有一定的理性特征。

第四节 | 流行色与服装色彩搭配

流行色能反映一个时段的市场趋势和消费者的心理认知，引领着消费潮流，对服装的研发、生产及市场推广等方面具有显著的指导作用。因此，对流行色的研究和应用是服装设计领域中一个至关重要的环节。

一、流行色的概念

流行色是社会心理现象的一种体现，反映了特定时期公众对某些色彩的审美与认知。流行色主要分为常用色和基本色两大类，与服装的面料和款式共同构成整体的视觉体验。对于许多服装设计师而言，掌握流行色的起源及其变化规律是一项重要的技能，需要对时尚趋势有敏锐的洞察力。例如，有些颜色可能在今年还被视为常用色，而到了下一年则可能摇身一变成为流行色。流行色的变化趋势呈现出周期性循环的特点，同时也在不断经历着演化和变革。

二、流行色的变化规律

1. 变化规律

流行色的变化规律一般为：暖色调→中性色→无彩色→中性色→冷色调。流行色的变化较复杂和多样，受到多种因素影响。流行色的流行周期随各国、各地区的经济发展差异而改变。

2. 变化特征

流行色的变化规律主要反映在色相和色调上。在流行色的色相变化中，与过去的流行色相比，新流行的色彩在色相方面会有所改变。色彩的基调通常会经过冷暖转换，如从暖色调转变为冷色调，或从冷色调转变为暖色调；在色调方面，新流行的色彩与过去的流行色之间通常存在着明暗、鲜灰的对比。2016~2024年参考流行色代表见表6-1。

表6-1 2016~2024年参考流行色代表

年份	流行色	说明	色彩图例
2024	柔和桃 长春花蓝	柔和桃介于粉色和橙色之间，以其独有的柔和与温馨，营造出一种宁静而舒适的氛围；长春花蓝具有忠实与永恒之意，鼓励人们勇敢地追求创造力与富有想象力的表达	

续表

年份	流行色	说明	色彩图例
2023	非凡洋红 帝国黄	非凡洋红源自红色系统，充满了活力，为人们带来了欢喜和期待；帝国黄象征着希望的曙光，如同太阳般明亮和温暖，能够驱散早春的寒意	
2022	棉花糖蓝 蛛丝粉	棉花糖蓝视觉效果较友好，轻快而明亮，同时又不失沉静与优雅；蛛丝粉则表现出柔软、温婉的感觉，白调较多，红调较少，与棉花糖蓝搭配，给人甜美又清新的色彩感觉	
2021	亮丽黄 极致灰	黄色通常与阳光和快乐相关联，而灰色则象征着坚韧和可靠，有时也带有消极意味。将这两种颜色结合在一起，能让人感受到力量和希望	
2020	经典蓝	蓝色具有较强的包容性和广泛的适用性，这些特性使其在时尚界和设计领域深受青睐	
2019	活珊瑚橘	橘色是一种温暖的色彩，能够激发人们的热情和活力，给人一种热情洋溢、积极向上的感觉	
2018	紫外光色	紫色通常与创造力和前瞻性思维的理念相联系，能够激发人们的想象力和探索未知的欲望	
2017	草木绿	由浅蓝色和亮黄色调和而成，让人联想到树木、草叶等自然元素，营造一种清新、自然且富有生命力的氛围	
2016	粉晶色 静谧蓝	这两种颜色饱和度低、色彩柔和，给人以温柔、淡雅、小清新的视觉效果。粉晶色给人放松感；静谧蓝符合当代追求高雅、简约的审美趋势。两者结合，形成一种温暖与宁静并存的氛围	

三、流行色预测

　　成立于1963年的国际流行色委员会（简称"Inter Color"），总部设在法国首都巴黎，该组织的主要职责是确定并发布年度的流行色。每年春秋两季，该委员会召开会议，共同商定下一年度的流行色趋势。这些决定随后被各国相应机构采纳，并根据需要进行调整，最终通过报纸、杂志、网络等传播媒介进行广泛推广

　　在流行色趋势的判定与发布方面，全球知名的机构和媒体同样扮演了关键角色。例如，《国际色彩权威》《意大利色卡》（CHEROU）以及《巴黎纺织之声》等专业杂志，每年发布两次未来季节的流行色彩趋势。另外，作为国际色彩权威机构的潘通（Pantone）公司，其生产的Pantone色卡和色号已成为设计师们的通用语，也会在每年年底发布下一年度的流行色预测。这些预测受到全球设计师的青睐，并引领着各类设计领域的潮流，从而推动时尚产业的进步。

四、流行色服装搭配方法

　　流行色的应用在服饰行业中具有一定的局限性，主要是因为其较短的流行周期。这种特性使得流行色更适合那些使用寿命较短且价格较低的服装类型，例如常见的T恤衫和连衣裙等。与此相反，对于那些价格昂贵且使用周期较长的服装，如裘皮大衣和高档西装等，使用流行色的情形则相对较少，见图6-22。

图6-22　流行色服装配色应用

上：2021年的流行色为极致灰和亮丽黄。当时设计界对于这两种颜色的解释是：它们传达了力量和希望，人们需要可以保持一颗充满希望的心去追寻光明。

　　1.确立主色调

　　确立好服装的主色调，并选择恰当的辅助色，搭配部分点缀色进行对比衬托，见图6-23。流行色不等于将当季流行色全部直接应用在服装上，除了主色还要搭配衍生色，这样可以丰富色彩层次。

　　2.搭配同系列色彩

　　在总体色相不变，明度、纯度发生变化的情况下，设计并变换出丰富的色彩，见图6-24。大面积黄色可能带来不好驾驭的问题，但是通过与其他不同纯度的色彩调和，瞬间就变得沉稳了，在活泼中带有一丝优雅。

　　3.用点缀色

　　时尚服装的设计以流行色彩为主，辅以适宜的点缀色，见图6-25。以流行色的饰品来点缀基本色的服饰，或采用流行色作为整装的点缀色，可以取得画龙点睛、相得益彰的奇妙效果。

　　传统服装的设计则倾向于使用常用的色彩及中性色系，仅在局部区域采用流行色彩作为点缀，见图6-26。无彩色虽然无法直接给人温暖感，但是它们各自蕴含着独特的情感，如黑色的内敛、白色的纯洁、灰色的坚韧，这些色彩主要用在日常通勤工作装上。

（a）上灰下黄

（b）内黄外灰

图6-23　主色调服装配色应用

（a）内黄外米

（b）上棕下黄

图6-24　同色系服装配色应用

（a）粉色点缀

（b）绿色点缀

图6-25　点缀色服装配色应用

（a）局部黄色

（b）局部绿色

图6-26　局部点缀色服装配色应用

服装小贴士　莫兰迪色彩

　　莫兰迪色是指饱和度不高的灰系颜色，给人以柔和温婉、高级雅致的整体印象。该色系源自意大利艺术家乔治·莫兰迪的独特色彩表现风格，是对莫兰迪绘画作品进行分析后总结出的一套颜色搭配方式，随着时间发展逐渐成为影视、建筑、装饰、服装等领域的流行色，体现出别具一格的时尚美感，见图6-27、图6-28。

图6-27　莫兰迪色系

（a）浅米色与灰粉色搭配　　（b）灰绿网格与棕色搭配　　（c）粉蓝色碎花连衣裙

图6-28　莫兰迪色系服装配色应用

左：莫兰迪色系搭配看上去不张扬、不鲜亮，却自带一种高级感，主要源自对灰色的色相化转变，将灰色与高纯度的彩色调和后形成了全新的颜色。

中：莫兰迪色系搭配格子图案能展现出温婉、大气的效果。

右：莫兰迪色系搭配半透薄纱与碎花图案，看上去温柔、有气质，提升了服装款型的品质感。

本章小结

　　本章主要探讨服装配色的综合应用，深入剖析服装色彩及其图案色彩的运用，归纳总结出配色经验并介绍色彩搭配基本方案。最后，则深入解析了流行色的搭配原理。读者通过掌握服装色彩的综合搭配方法，不仅能够显著提升对服装色彩的敏感度，还能在实践中不断体悟，最终创造出完美和谐的服装色彩效果。

服装色彩搭配参考色卡

附录1　红色系色卡

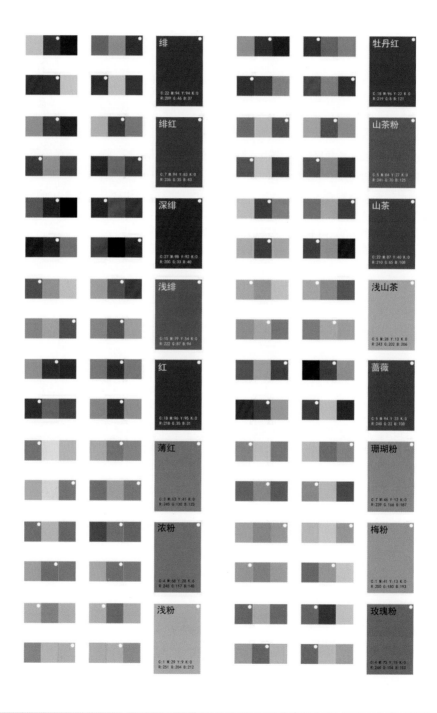

绯　C:22 M:94 Y:93 K:0　R:209 G:46 B:37

牡丹红　C:16 M:96 Y:23 K:0　R:219 G:36 B:121

绯红　C:7 M:94 Y:83 K:0　R:236 G:35 B:43

山茶粉　C:5 M:84 Y:27 K:0　R:241 G:70 B:125

深绯　C:27 M:98 Y:92 K:0　R:200 G:33 B:40

山茶　C:22 M:87 Y:40 K:0　R:210 G:65 B:108

浅绯　C:15 M:79 Y:54 K:0　R:222 G:87 B:94

浅山茶　C:5 M:28 Y:13 K:0　R:243 G:202 B:206

红　C:18 M:96 Y:95 K:0　R:218 G:35 B:31

蔷薇　C:5 M:94 Y:33 K:0　R:240 G:22 B:108

薄红　C:3 M:63 Y:61 K:9　R:245 G:130 B:125

珊瑚粉　C:7 M:46 Y:12 K:0　R:239 G:166 B:187

浓粉　C:4 M:60 Y:28 K:6　R:245 G:117 B:140

梅粉　C:1 M:41 Y:13 K:0　R:250 G:180 B:193

浅粉　C:1 M:29 Y:9 K:0　R:251 G:204 B:212

玫瑰粉　C:4 M:73 Y:15 K:0　R:244 G:104 B:153

附录2　橙色系色卡

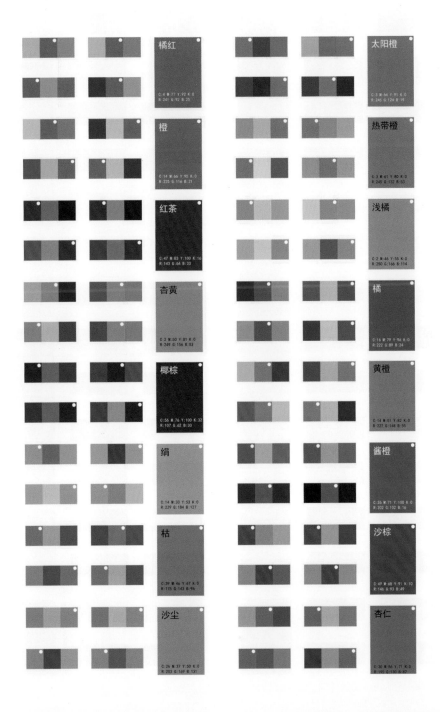

橘红　C:4 M:77 Y:92 K:0　R:241 G:92 B:25

太阳橙　C:3 M:64 Y:91 K:0　R:245 G:124 B:19

橙　C:14 M:66 Y:95 K:0　R:225 G:116 B:21

热带橙　C:3 M:61 Y:80 K:0　R:245 G:132 B:53

红茶　C:47 M:83 Y:100 K:16　R:143 G:64 B:33

浅橘　C:2 M:46 Y:55 K:0　R:250 G:166 B:114

杏黄　C:2 M:50 Y:81 K:0　R:249 G:156 B:53

橘　C:16 M:79 Y:96 K:0　R:222 G:89 B:24

椰棕　C:56 M:76 Y:100 K:32　R:107 G:62 B:30

黄橙　C:14 M:51 Y:82 K:0　R:227 G:148 B:55

绢　C:14 M:33 Y:53 K:0　R:229 G:184 B:127

酱橙　C:26 M:71 Y:100 K:0　R:202 G:102 B:16

枯　C:39 M:46 Y:67 K:0　R:175 G:143 B:96

沙棕　C:49 M:66 Y:91 K:10　R:146 G:93 B:49

沙尘　C:26 M:37 Y:50 K:0　R:203 G:169 B:131

杏仁　C:30 M:56 Y:71 K:0　R:195 G:130 B:87

附录3　黄色系色卡

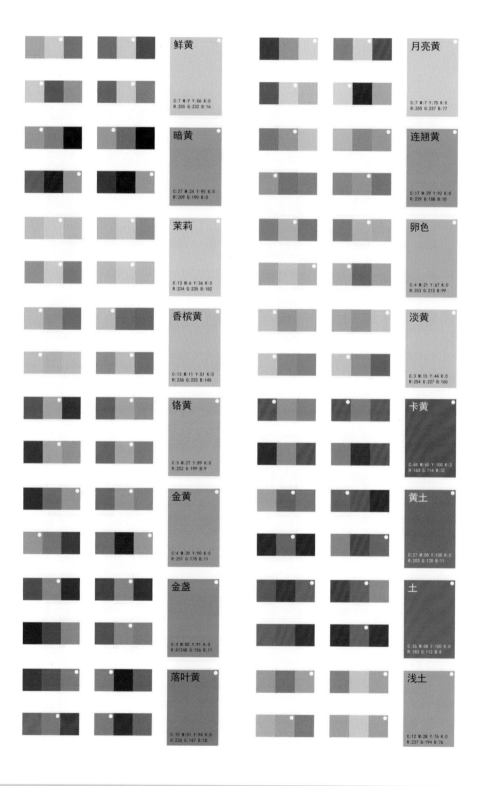

鲜黄
C:7 M:9 Y:86 K:0
R:255 G:232 B:16

月亮黄
C:7 M:7 Y:75 K:0
R:255 G:237 B:77

暗黄
C:27 M:24 Y:95 K:0
R:209 G:190 B:0

连翘黄
C:17 M:29 Y:92 K:0
R:229 G:188 B:10

茉莉
C:13 M:6 Y:36 K:0
R:234 G:235 B:182

卵色
C:4 M:21 Y:67 K:0
R:253 G:213 B:99

香槟黄
C:13 M:11 Y:51 K:0
R:236 G:225 B:145

淡黄
C:3 M:15 Y:44 K:0
R:254 G:237 B:160

铬黄
C:5 M:27 Y:89 K:0
R:252 G:199 B:9

卡黄
C:44 M:60 Y:100 K:3
R:163 G:114 B:32

金黄
C:4 M:39 Y:90 K:0
R:251 G:178 B:11

黄土
C:27 M:58 Y:100 K:0
R:203 G:128 B:11

金盏
C:3 M:50 Y:91 K:0
R:61240 G:156 B:11

土
C:36 M:58 Y:100 K:0
R:183 G:112 B:8

落叶黄
C:15 M:51 Y:94 K:0
R:226 G:147 B:18

浅土
C:12 M:28 Y:76 K:0
R:237 G:194 B:76

附录4　绿色系色卡

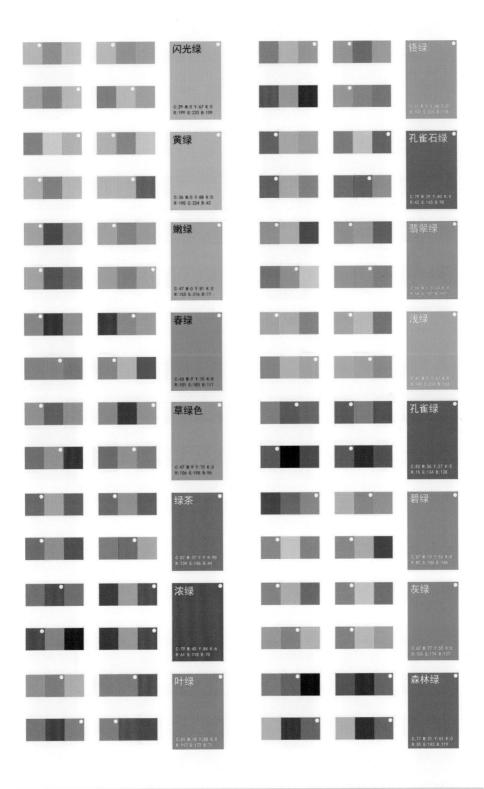

附录5　蓝色系色卡

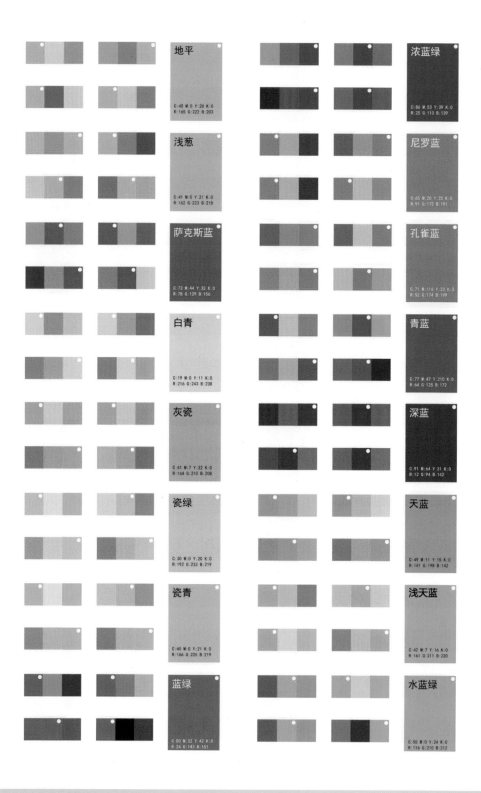

地平
C:40 M:0 Y:28 K:0
R:165 G:222 B:203

浓蓝绿
C:86 M:53 Y:39 K:0
R:25 G:110 B:139

浅葱
C:41 M:0 Y:21 K:0
R:162 G:223 B:218

尼罗蓝
C:65 M:20 Y:25 K:0
R:91 G:172 B:191

萨克斯蓝
C:73 M:44 Y:32 K:0
R:78 G:129 B:156

孔雀蓝
C:71 M:116 Y:23 K:0
R:52 G:174 B:199

白青
C:19 M:0 Y:11 K:0
R:216 G:243 B:238

青蓝
C:77 M:47 Y:210 K:0
R:64 G:125 B:172

灰瓷
C:41 M:7 Y:22 K:0
R:164 G:210 B:208

深蓝
C:91 M:64 Y:31 K:0
R:12 G:94 B:142

瓷绿
C:30 M:0 Y:20 K:0
R:192 G:233 B:219

天蓝
C:49 M:11 Y:15 K:0
R:141 G:198 B:142

瓷青
C:40 M:0 Y:21 K:0
R:166 G:225 B:219

浅天蓝
C:42 M:7 Y:16 K:0
R:161 G:211 B:220

蓝绿
C:80 M:32 Y:42 K:0
R:24 G:143 B:151

水蓝绿
C:55 M:0 Y:24 K:0
R:116 G:210 B:212

附录6　紫色系色卡

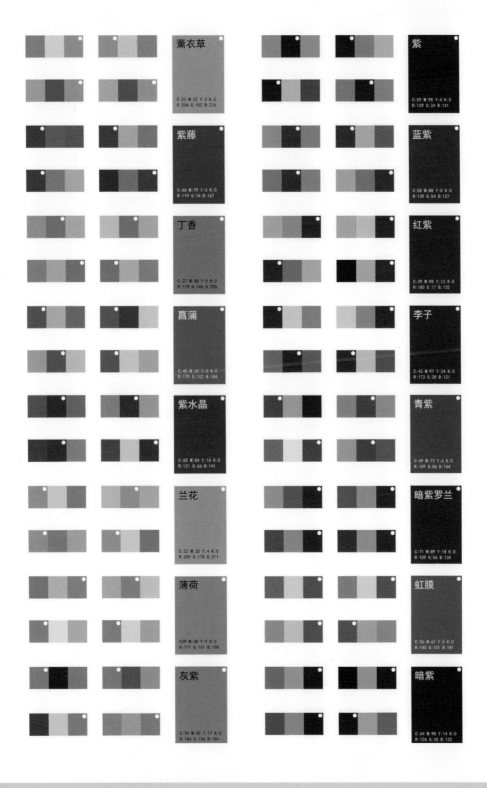

薰衣草
C:23 M:32 Y:3 K:0
R:206 G:182 B:216

紫藤
C:66 M:79 Y:0 K:0
R:119 G:74 B:167

丁香
C:37 M:48 Y:0 K:0
R:179 G:145 B:208

菖蒲
C:40 M:69 Y:0 K:0
R:179 G:102 B:184

紫水晶
C:65 M:84 Y:16 K:0
R:121 G:66 B:141

兰花
C:22 M:35 Y:4 K:0
R:209 G:178 B:211

薄荷
C:39 M:38 Y:9 K:0
R:171 G:161 B:198

灰紫
C:34 M:42 Y:17 K:0
R:184 G:156 B:181

紫
C:59 M:98 Y:4 K:0
R:139 G:24 B:141

蓝紫
C:58 M:88 Y:0 K:0
R:139 G:54 B:157

红紫
C:39 M:98 Y:12 K:0
R:180 G:17 B:132

李子
C:42 M:97 Y:24 K:0
R:173 G:28 B:121

青紫
C:69 M:73 Y:6 K:0
R:109 G:86 B:164

暗紫罗兰
C:71 M:89 Y:18 K:0
R:109 G:56 B:134

虹膜
C:56 M:67 Y:0 K:0
R:140 G:101 B:181

暗紫
C:64 M:98 Y:14 K:0
R:126 G:35 B:132

参考文献

[1] 〔日〕杉山律子. 三色妙穿搭. 王丹阳，译. 北京：北京美术摄影出版社，2018.

[2] 〔韩〕黄桢善. 型女必备色彩风格书. 傅文慧，译. 北京：中国纺织出版社，2013.

[3] 张虹. 服装搭配实务. 北京：中国纺织出版社，2020.

[4] 李芳. 设计师的服装色彩搭配手册. 北京：清华大学出版社，2020.

[5] 唯美映像. 服装色彩搭配宝典. 北京：清华大学出版社，2018.

[6] 李晓蓉. 服装配色宝典. 北京：化学工业出版社，2011.

[7] 孙芳. 服装配色设计手册. 北京：清华大学出版社，2016.

[8] 徐丽. 服装色彩搭配设计师必备宝典. 北京：清华大学出版社，2016.

[9] 宁芳国. 服装色彩搭配. 北京：中国纺织出版社，2018.

[10] 智海鑫. 日常服饰穿搭宝典. 北京：化学工业出版社，2020.